高等学校计算机类系列教材

国家级一流课程、省级课程思政示范课程、省级精品课程配套教材

数据结构与算法设计

实践与学习指导

(第二版)

主编　张小艳　齐爱玲　史晓楠

西安电子科技大学出版社

内容简介

本书是国家级一流课程教学团队多年讲授“数据结构”课程及指导学生实验的教学经验的集成，与西安电子科技大学出版社出版的《数据结构与算法设计(第二版)》一书相配套。全书分为两部分：第一部分是实验指导，其中，第一章概述了实验安排和实验步骤，第二至六章设计了多种类型的数据结构的典型实验，并提供了C语言环境下调试运行的结果；第二部分是学习指导，各章均由基本知识点、习题解析和自测题组成。附录中给出了三套硕士研究生入学考试试题及答案。

本书可以配合《数据结构与算法设计(第二版)》一书使用，起到衔接课堂教学和指导实验教学的作用，也可作为学生学习“数据结构”课程的辅助教材及计算机学科研究生入学考试的辅导书；对于从事计算机软件开发和应用的工程技术人员，本书也具有一定的参考价值。

图书在版编目（CIP）数据

数据结构与算法设计实践与学习指导 / 张小艳，齐爱玲，史晓楠主编. -- 2版. -- 西安 : 西安电子科技大学出版社, 2024. 8. -- ISBN 978-7-5606-7344-8

Ⅰ. TP311.12；TP301.6

中国国家版本馆CIP数据核字第2024A8H465号

策　　划　李惠萍
责任编辑　王　瑛
出版发行　西安电子科技大学出版社（西安市太白南路2号）
电　　话　（029）88202421　88201467　　邮　　编　710071
网　　址　www.xduph.com　　电子邮箱　xdupfxb001@163.com
经　　销　新华书店
印刷单位　陕西博文印务有限责任公司
版　　次　2024年8月第2版　2024年8月第1次印刷
开　　本　787毫米×1092毫米　1/16　印　张　14.5
字　　数　341千字
定　　价　37.00元

ISBN 978-7-5606-7344-8

XDUP 7645002-1

前　言

数据结构是计算机程序设计重要的理论技术基础，它不仅是计算机学科的核心课程，也是其他理工科专业必修或选修的课程。

数据结构是学生从传统的形象思维转向科学的抽象思维的第一门课程，需要学生在思维认识上有一个转变，这使得数据结构成为一门公认的比较难学的课程。大多数学生在学习数据结构的过程中普遍反映上课听得明白，但遇到实际问题时却无从下手。对于习题，即便能够解答，答案中也往往有错误；有时即使答案正确，也不“合格”。其主要原因是对实验重视不够，动手能力差。因此，在教学过程中，采用以实验加课堂演练为主的计算思维教学模式，让学生在实验和适当的课堂演练中学习知识、消化知识，强化计算思维，进而培养学生的科学与工程计算能力，不失为一种有效的教学方法。为此，我们以计算思维为导向、以科学与工程计算能力培养为目标编写了本书。

本书分为两大部分，第一部分是实验指导，第二部分是学习指导。

编写第一部分的目的是通过一些典型的实例练习，使学生掌握利用数据结构知识来分析和解决实际问题的方法。第一部分共安排了五章数据结构的典型实验，且均包含实验目的、实验指导和实验题。其中：实验指导中的验证性实验和综合性实验都是编者精心设计的，且每个实验实例中都给出了重点语句注释和程序运行与测试结果，有助于学生更好地理解程序；实验题中安排有难度不等的多个实验题目，并附有实验提示，可帮助学生解题。在实验教学环节采用计算思维教学模式，可使学生将计算思维转化成为自己的认识论和方法论，并逐渐形成科学的思维方法和严谨的科学态度。

编写第二部分的目的是通过对习题的分析与解答，使学生充分掌握数据结构的原理以及求解数据结构问题的思路和方法，从而设计出符合数据结构规范的算法，提高分析问题和解决问题的能力。第二部分共十章，每章都包含基本知识点、习题解析和自测题。其中：基本知识点旨在帮助学生回顾本章的重要知识；习题解析对《数据结构与算法设计(第二版)》一书中的习题做了比较详尽的解答，旨在帮助学生解决一些学习上的疑难之处，给他们一点启发；自测题用于检测学生对知识的掌握情况。需要说明的是，本书的解答只作为参考，希望大家能有更好的解答。

本次修订之处包括：对部分实验题目增加了课程思政的描述；补充了自测题；对部分

内容增加了图形示例；更换了附录中的试题；对上一版中存在的错误进行了修正。

本书实验指导的第一章和学习指导的第一、十章及附录由张小艳编写；实验指导和学习指导的第二章由丛旭亚编写；实验指导的第三至六章由齐爱玲编写；学习指导的第三、九章由张小红编写；学习指导的第四、五章由史晓楠编写；学习指导的第六章由朱宁洪编写；学习指导的第七章由杨晓强编写；学习指导的第八章由尹慧平编写。全书由张小艳、史晓楠统稿、定稿。

限于编者水平，书稿虽几经修改，仍难免存在不足之处，敬请广大读者批评指正。

编　者

2024 年 5 月

目　录

CONTENTS

第一部分　实验指导

第二部分 学习指导

第一部分　实 验 指 导

第一章　实验规范指导

1.1　基于计算思维的数据结构实验教学

“数据结构”是一门研究非数值计算的程序设计问题中有关计算机的操作对象以及它们之间的关系和操作等的课程。在学习数据结构理论知识的基础上，通过上机实践，可加强学生对相关理论知识的理解，使其学会在计算机中如何有效地组织和处理数据。为了有效地运用计算机解决实际问题，首先需要透过现象看本质，利用辩证思想中的本质论解决具体问题，提取出待解决问题的特征，提炼出相应的数据对象及各个对象之间的关系(数据的逻辑结构)；然后进行合理组织并将其存入计算机中(数据的物理结构)，进而设计一个“好”的处理方法(算法)；最后编制程序。这就是数据结构课程所要研究的问题。

数据结构实验教学重在培养学生的数据抽象能力、复杂程序设计能力以及科学与工程计算能力。为了促进学生计算思维能力的养成，本书编者精心设计了以下两类由浅入深的实验。

(1) 单个知识点验证性实验。设计该知识点的典型问题，让学生模仿该类问题的求解方法，初步掌握计算思维方法。

(2) 知识点综合性实验和课程综合性实验。这部分实验重在引导学生将不同的知识点和方法综合应用到该实验问题的解决中，提高学生综合应用所学知识的能力，使学生可以对问题进行分解，提出该问题的解决方案；训练学生的计算思维，提高其综合运用计算思维方法的能力。

通过不同层次的实验，学生不仅可以验证一些理论知识的正确性，还可以提高其上机编程能力和计算思维能力，为自己将来应用科学与工程计算从事科学研究、解决工程实际问题奠定坚实的基础。

数据结构课程的内容大致可分为基本概念、基本数据结构和常用的数据处理技术三大部分，其知识点架构图如实验图 1.1 所示。通过该知识点架构图我们可以清楚地看出数据结构课程的脉络。数据结构实验正是围绕数据结构的知识点展开的，是对理论知识的深化和实践：通过单个知识点验证性实验加深学生对每种数据结构的理解，通过综合性实验理解每种数据结构在实际中的应用。此外，实验中对常用的数据处理技术进行了强化训练。

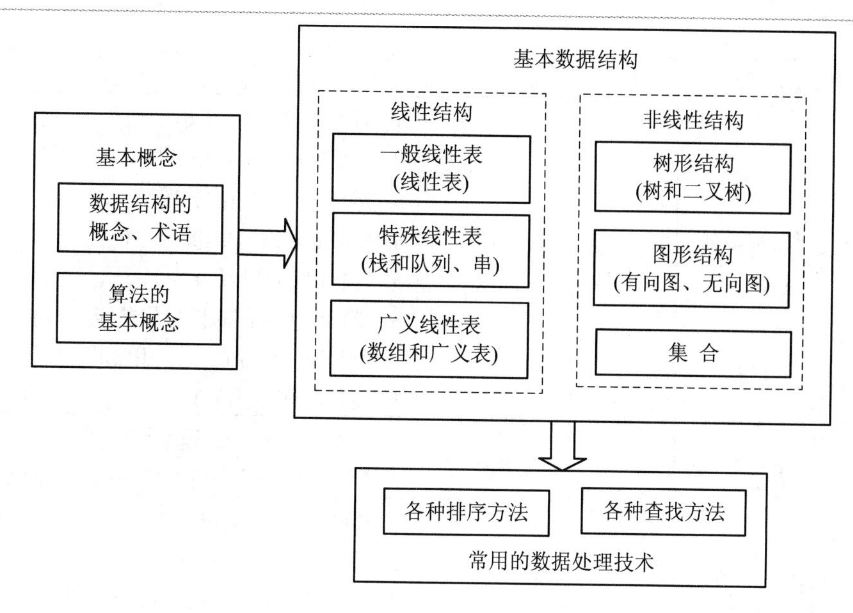

实验图 1.1　数据结构知识点架构图

1.2　本书实验安排

本课程教学大纲要求的总学时为 64～80 学时，其中理论教学为 48～64 学时。根据教学内容和教学目标，建议实验课学时为 16 学时，其中验证性实验为 6 学时，综合性实验为 10 学时。

本书共给出了 22 个实例和 21 个实验题目，详见实验表 1.1。教师可根据教学实际选择让学生完成。

实验表 1.1　实验项目与内容提要

序号	实验项目名称	学时	实验类型	内 容 提 要
1	线性表及其应用	4	验证	1. 顺序表的基本操作实现(实例) 2. 单链表的基本操作实现(实例) 3. 两个多项式的相加操作(实例)
			综合	1. 约瑟夫环问题(实例) 2. 狐狸逮兔子实验(实例) 3. 链表合并(实验题) 4. 最长平台的长度(实验题) 5. 两个大整数的加法运算(实验题) 6. 学生成绩管理(实验题)
2	栈与队列及其应用	2	验证	1. 顺序栈的基本操作实现(实例) 2. 链栈的基本操作实现(实例) 3. 循环队列的基本操作实现(实例)

续表

序号	实验项目名称	学时	实验类型	内 容 提 要
2	栈与队列及其应用	2	综合	1. 后缀表达式求值(实例) 2. 八皇后问题(实例) 3. 括号匹配问题(实验题) 4. 中缀表达式求值(实验题) 5. 背包问题(实验题) 6. 模拟服务台前的排队问题(实验题) 7. 操作系统作业调度模拟(实验题) 8. 迷宫问题(实验题)
3	串、数组及其应用	2	验证	1. 串的基本操作实现(实例) 2. 用三元组表实现稀疏矩阵的基本操作(实例)
			综合	1. KMP 算法的实现(实例) 2. 输出魔方阵(实例) 3. 文本串加密算法的实现(实验题) 4. 稀疏矩阵相乘的算法(实验题) 5. 求鞍点的算法(实验题) 6. 文学研究助手(实验题) 7. 古诗字序之谜(实验题)
4	树、图及其应用	4	验证	1. 二叉树的基本运算实现(实例) 2. 图遍历的演示(实例)
			综合	1. 电文的编码和译码(实例) 2. 图的拓扑排序(实例) 3. 二叉树的遍历(实验题) 4. 对家谱管理进行简单的模拟(实验题) 5. 设计校园导游图(实验题)
5	查找、排序及其应用	4	验证	1. 静态查找表(实例) 2. 动态查找表(实例)
			综合	1. 哈希表(实例) 2. 不同排序算法的比较(实例) 3. 学生成绩管理系统(实验题) 4. 双向冒泡排序算法(实验题) 5. 个人电话号码查询系统(实验题)

1.3 实验步骤

人们解决问题的过程是：观察问题→分析问题→收集信息→根据已有的知识、经验进行判断、推理→采用某种方法和步骤解决问题。人们用计算机解决问题时是将采用的方法和步骤利用计算机能够识别的计算机语言编制成代码，“告诉”计算机进行处理，其过程如实验图 1.2 所示。

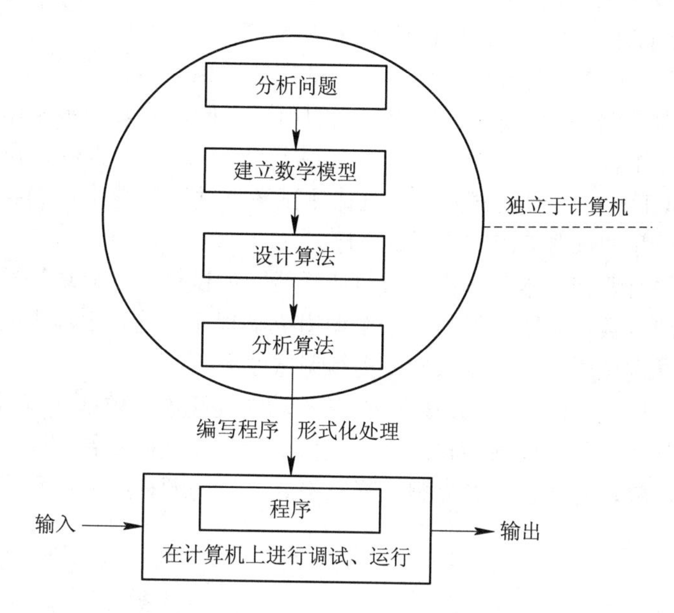

实验图 1.2　利用计算机解决问题的过程

1. 分析问题

首先应充分地分析和理解问题，明确问题要求做什么，限制条件是什么。例如：明确输入数据的类型、值的范围及输入的形式，输出数据的类型、值的范围及输出的形式；若是会话式的输入，需明确结束标志是什么，是否接受非法输入，对非法输入的回答方式是什么；等等。用科学规范的语言对所求解的问题做准确的描述。

2. 建立数学模型

在分析问题的基础上，抽象出问题相关的数据及其之间的关系，也就是建立相应的数学模型。这里的数学模型可以是线性表、树、图。这些模型可以用 C 语言中的数据类型描述。之后，根据具体问题所需的处理逻辑抽象出操作集合。

3. 设计算法

依据前面得到的数学模型及操作集合进行算法设计。针对问题列出指令序列，这里可以用伪码语言表示。

4. 分析算法

算法分析一般包括正确性分析、时间及空间效率分析等。

5. 编写程序

运用熟悉的程序设计语言编写程序。在编写程序的过程中需注意以下几点：

(1) 对函数功能和重要变量进行注释。

(2) 按格式书写程序，分清每条语句的层次，对齐括号，这样便于发现语法错误。

(3) 控制 if 语句连续嵌套的深度，分支过多时应考虑使用 switch 语句。

6．上机准备和上机调试

上机准备包括以下几个方面：

(1) 熟悉C语言用户手册或程序设计指导书。

(2) 注意Dev cpp、VC与标准C语言之间的细微差别。

(3) 熟悉机器的操作系统和语言集成环境的用户手册，尤其是最常用的命令操作，以便顺利进行上机操作。

(4) 掌握调试工具，考虑调试方案，设计测试数据并手工得出正确结果。学生应熟练运用高级语言的程序调试器DEBUG调试程序。

上机调试程序时要带一本高级语言教材或手册。调试最好分模块进行，自底向上，即先调试底层过程或函数，必要时可另写一个调用驱动程序。这种表面上看来麻烦的工作实际上可以大大降低调试所面临的复杂性，提高调试效率。

在调试过程中可以不断借助DEBUG的各种功能提高调试效率。调试中遇到的各种异常现象往往是预料不到的，此时可借助系统提供的调试工具确定错误。调试正确后，认真整理源程序及其注释，打印出带有完整注释且格式良好的源程序清单和程序运行结果。

第二章　线性表及其应用

2.1 实验目的

线性表是最基础的数据结构，在解决实际问题中有着广泛的应用。线性表是一种有顺序的结构，其规则明确，正如我们做事要有顺序，并按照规则进行，遵守公共秩序和社会公德一样。本章实验的主要目的在于使学生掌握线性表的基本运算在两种存储结构中的实现方法，巩固对线性表逻辑结构的理解，为应用线性表解决实际问题奠定良好的基础。本章实验有助于学生学会分析问题的方法，即从具体问题中抽象出解决问题的方法，进而选择合理的存储结构，设计出高效的算法。

2.2 实验指导

线性表的存储结构有两种：顺序存储结构和链式存储结构。这两种存储结构各有其特点。

顺序存储结构具有按元素序号随机访问的特点，而且方法简单，不用为表示结点间的逻辑关系而增加额外的存储开销。但它也有缺点，即在做插入、删除操作时，平均需要移动大约表中一半的元素，因此对 n 较大的顺序表的操作效率低下。

链式存储结构不需要用地址连续的存储单元来实现，它是通过“链”建立起数据元素之间的逻辑关系的，因此对线性表的插入、删除运算不需要移动数据元素。

2.2.1　顺序表的基本操作实现

【问题描述】

期末考试后，为方便老师统计和管理学生成绩，现要求编写一个包含学生信息(学号、姓名、成绩)的顺序表，使顺序表具备如下功能：根据指定的学生人数逐个输入学生信息；逐个显示成绩表中所有学生的相关信息；根据姓名进行查找，返回此学生的学号和成绩；输入指定位置，返回相应学生信息；给定一个学生信息，将其插入到表中指定的位置；删除指定位置的学生信息；统计学生人数。

【数据结构】

本设计用顺序表实现。顺序表结构定义包含两部分：一部分是用于存储数据的结构体数组 elem(包含学号 num、姓名 name、成绩 score)；另一部分是用于记录线性表中最后一个元素在结构体数组中位置的变量 length。

【算法设计】

程序中设计了以下七个函数。

① 函数 InitList()：用于初始化一个空的线性表。

② 函数 Input()：用于输入一个学生表。

③ 函数 Output()：用于逐个输出所有学生信息。

④ 函数 Search_name()：用于通过姓名查询学号与成绩。

⑤ 函数 Search_place()：用于输入指定位置，返回相应学生信息。

⑥ 函数 Insert()：用于将给定的学生信息插入到表中指定的位置。

⑦ 函数 Delete()：用于删除指定位置的学生信息。

【程序实现】

```
#include <iostream>
#include <string.h>
using namespace std;
#define OK 1
#define ERROR 0
#define OVERFLOW -2
typedef int Status;
const int MAXSIZE=100;
int n;                              /*学生人数*/
int flag;                           /*记录顺序表是否已经建立*/
typedef struct
{   char num[9];                    /*8 位学号*/
    char name[20];                  /*姓名*/
    int score;                      /*成绩*/
}Student;
typedef struct
{   Student *elem;                  /*指向数据元素的基地址*/
    int length;                     /*线性表的当前长度*/
}SqList;
Status InitList(SqList *L)          /*初始化顺序表*/
{   L->elem = new Student[MAXSIZE];
    if(!L->elem) exit(OVERFLOW);
    L->length = 0;
    return OK;
}
Status Input(SqList *L)             /*1.建立学生表，输入学生人数及信息*/
```

```
{  if(flag!=0)
   {  puts("请不要重复建立顺序表!");
      return ERROR;
   }
   else
       if(InitList(L))
       {  flag=1;
          puts("建立学生表空间成功");
          puts("请输入学生人数:");
          cin>>n;     /*0<n≤MAXSIZE*/
          L->length=n;
          puts("请依次输入学生学号(8 位),姓名,成绩:");
          for(int i=1;i<=n;i++)
               cin>>L->elem[i].num>>L->elem[i].name>>L->elem[i].score;
          return OK;
       }
       else
       {  puts("建立学生表失败");
          return ERROR;
       }
}
Status Output(SqList *L)          /*2.逐个输出所有学生信息*/
{  if(L->length==0) puts("学生表中无学生信息");
   else
   {  for(int i=1;i<=L->length;i++)
         cout<<"学号:"<<L->elem[i].num<<"    "<<"姓名:"<<L->elem[i].name<<"    "\
             <<"成绩:"<<L->elem[i].score<<endl;
   }
}
Status Search_name(SqList *L)          /*3.通过姓名查询学号与成绩*/
{  int i;
   puts("请输入需要查找的姓名:");
   char names[20];
   cin>>names;
   if(L->length==0) puts("查找失败");
   else
   {   for(i=1;i<=L->length;i++)
       {  if(strcmp(names,L->elem[i].name)==0)
          { cout<<"学号:"<<L->elem[i].num<<"    "<<"姓名:"<<L->elem[i].name<<"    "<<"\
```

```
                    成绩:"<<L->elem[i].score<<endl;
                  break;
                }
            if(i==L->length+1) puts("查无此人");
          }
      }
      return OK;
}
Status Search_place(SqList *L)        /*4.输入指定位置，返回相应学生信息*/
{  puts("请输入需要查找的位置:");
   int place;
   cin>>place;
   if(place<=0||place>L->length) puts("查找失败");
   else   cout<<"学号:"<<L->elem[place].num<<"      "<<"姓名:"<<L->elem[place].name<<"     "<<"\
        成绩:"<<L->elem[place].score<<endl;
   return OK;
}
Status Insert(SqList *L)              /*5.给定一个学生信息，将其插入到表中指定的位置*/
{  puts("请输入需要插入的位置:");
   int n;
   cin>>n;
   if(n<=0||n>L->length) puts("插入位置不合法");
   else
   {  puts("请输入需要插入的学生信息:学号(8 位),姓名,成绩:");
      for(int i=L->length;i>=n;i--) L->elem[i+1]=L->elem[i];
      cin>>L->elem[n].num>>L->elem[n].name>>L->elem[n].score;
      L->length++;
   }
   return OK;
}
Status Delete(SqList *L)          /*6.删除指定位置的学生信息*/
{  int n;
   puts("请输入需要删除的位置:");
   cin>>n;
   if(n<=0||n>L->length) puts("删除位置不合法");
   else
   {  for(int i=n+1;i<=L->length;i++) L->elem[i-1]=L->elem[i];
      L->length--;
   }
```

```
    return OK;
}
int main()
{   SqList L;
    puts("1.建立学生表,输入学生人数及信息");
    puts("2.逐个输出所有学生信息");
    puts("3.通过姓名查询学号与成绩");
    puts("4.输入指定位置，返回相应学生信息");
    puts("5.给定一个学生信息，将其插入到表中指定的位置");
    puts("6.删除指定位置的学生信息");
    puts("7.统计学生人数");
    puts("8.退出");
    string choice;
    while(1)
    {   puts("");
        puts("请输入你需要的功能序号(1-8)");
        cin>>choice;
        if((int)choice.size()!=1||choice[0]<'0'||choice[0]>'8')
        {   puts("无此功能!");
            continue;
        }
        int choices=choice[0]-'0';
        switch(choices)
        {   case 1:
                Input(L);
                break;
            case 2:
                Output(L);
                break;
            case 3:
                Search_name(L);
                break;
            case 4:
                Search_place(L);
                break;
            case 5:
                Insert(L);
                break;
            case 6:
```

```
                Delete(L);
                break;
            case 7:
                cout<<"学生人数为:"<<L->length<<endl;
                break;
            case 8:
                puts("程序结束");
                return 0;
        }
    }
    return 0;
}
```

【运行与测试】

程序运行如下：

```
1.建立学生表,输入学生人数及信息
2.逐个输出所有学生信息
3.通过姓名查询学号与成绩
4.输入指定位置，返回相应学生信息
5.给定一个学生信息，将其插入到表中指定的位置
6.删除指定位置学生信息
7.统计学生人数
8.退出
```

```
请输入你需要的功能序号(1-8)
1
建立学生表成功
请输入学生人数:
3
请依次输入学生学号(8位),姓名,成绩:
12345678 ltq 89
12345677 cyz 90
12345676 wjh 88
```

```
请输入你需要的功能序号(1-8)
2
学号:12345678   姓名:ltq   成绩:89
学号:12345677   姓名:cyz   成绩:90
学号:12345676   姓名:wjh   成绩:88

请输入你需要的功能序号(1-8)
3
请输入需要查找的姓名:
ltq
学号:12345678   姓名:ltq   成绩:89
```

```
请输入你需要的功能序号(1-8)
4
请输入需要查找的位置:
1
学号:12345678   姓名:ltq   成绩:89

请输入你需要的功能序号(1-8)
5
请输入需要插入的位置:
1
```

```
请输入需要插入的学生信息:学号(8位),姓名,成绩:
12345675 zhangfei 66
```

```
请输入你需要的功能序号(1-8)
2
学号:12345675   姓名:zhangfei   成绩:66
学号:12345678   姓名:ltq   成绩:89
学号:12345677   姓名:cyz   成绩:90
学号:12345676   姓名:wjh   成绩:88
```

```
请输入你需要的功能序号(1-8)
6
请输入需要删除的位置:
1

请输入你需要的功能序号(1-8)
7
学生人数为:3
```

```
请输入你需要的功能序号(1-8)
8
程序结束
```

2.2.2　单链表的基本操作实现

【问题描述】

期末考试后，为方便老师统计和管理学生成绩，现要求编写一个包含学生信息(学号、姓名、成绩)的单链表，使单链表具备如下功能：根据指定的学生人数逐个输入学生信息；逐个显示成绩表中所有学生的相关信息；根据姓名进行查找，返回此学生的学号和成绩；输入指定位置，返回相应学生信息；给定一个学生信息，将其插入到表中指定的位置；删除指定位置的学生信息；统计学生人数。

【数据结构】

本设计用单链表实现。单链表结点结构定义包含两个域：一个域为数据域 data，用于存放数据元素；另一个域为指针域 next，用于存放其后继的地址。

【算法设计】

程序中设计了以下七个函数。

① 函数 CreateList_H ()：用于为前插法创建一个线性单链表。

② 函数 Input()：用于建立学生表，输入学生人数及信息。

③ 函数 Output()：用于逐个输出所有学生信息。

④ 函数 Search_name ()：用于通过姓名查询学号与成绩。

⑤ 函数 Insert()：用于将给定学生信息插入到表中指定的位置。

⑥ 函数 Delete()：用于删除指定位置的学生信息。

⑦ 函数 Count()：用于统计学生人数。

【程序实现】

```
#include <iostream>
#include <string.h>
```

```
#include <malloc.h>
using namespace std;
#define OK 1
#define ERROR 0
#define OVERFLOW -2
typedef int Status;
int n;                                    /*学生人数*/
int flag;                                 /*记录单链表是否已经建立*/
typedef struct
{   char num[9];                          /*8 位学号*/
    char name[20];                        /*姓名*/
    int score;                            /*成绩*/
}Student;
typedef struct Lnode
{   Student data;                         /*数据域*/
    struct LNode *next;                   /*指针域*/
}LNode,*LinkList;
void CreateList_H(LinkList *L,int n)      /*为前插法创建单链表*/
{     L=new LNode;
      L->next=NULL;
      for(int i=0;i<n;i++)
      {     LNode *p=new LNode;
            cin>>p->data.num>>p->data.name>>p->data.score;
            p->next=L->next;
            L->next=p;
      }
}
void Input(LinkList *L)                   /*1.建立学生表，输入学生人数及信息*/
{     if(flag!=0) puts("请勿重复建立链表");
      else
      {     flag++;
            puts("请输入学生人数");
            cin>>n;
            puts("请依次输入学生学号(8 位),姓名,成绩:");
            CreateList_H(L,n);
      }
}
void Output(LinkList *L)                  /*2.逐个输出所有学生信息*/
{     LNode *p;
```

```
        p=L->next;
        while(p)
        {   cout<<"学号:"<<p->data.num<<"    "<<"姓名:"<<p->data.name<<"    "<<"\
              成绩:"<<p->data.score<<endl;
            p=p->next;
        }
}
void Search_name(LinkList *L)          /*3.通过姓名查询学号与成绩*/
{       char names[20];
        puts("请输入需要查找的姓名:");
        cin>>names;
        LNode *p;
        p=L;
        while(p&&strcmp(p->data.name,names)!=0) p=p->next;
        if(p==NULL) puts("查无此人");
        else
         cout<<"学号:"<<p->data.num<<"      "<<"姓名:"<<p->data.name<<"    "<<"\
           成绩:"<<p->data.score<<endl;
}
void Search_place(LinkList *L)         /*4.输入指定位置，返回相应学生信息*/
{       puts("请输入需要查找的位置:");
        int place;
        cin>>place;
        int cnt;
        LNode *p=L;
        while(p&&cnt<place)
        {      p=p->next;
               cnt++;
        }
        if(p==NULL) puts("查找位置不合法");
        else
          cout<<"学号:"<<p->data.num<<"    "<<"姓名:"<<p->data.name<<"    "<<"\
          成绩:"<<p->data.score<<endl;
}
void Insert(LinkList *L)               /*5.给定一个学生信息，将其插入到表中指定的位置*/
{       puts("请输入需要插入的位置:");
        int n;
        cin>>n;
        LNode *p=L;
```

```
    int cnt=0;
    while(p&&cnt<n-1)
    {   p=p->next;
        cnt++;
    }
    if(!p||cnt>n-1) puts("插入位置不合法");
    else
    {   LNode *s=new  LNode;
        puts("请依次输入需要插入的学生学号(8 位),姓名,成绩:");
        cin>>s->data.num>>s->data.name>>s->data.score;
        s->next=p->next;
        p->next=s;
    }
}
void Delete(LinkList *L)                /*6.删除指定位置的学生信息*/
{   int n;
    puts("请输入需要删除的位置:");
    cin>>n;
    LNode *p=L;
    int cnt=0;
    while((p->next)&&cnt<n-1)
    {   p=p->next;
        cnt++;
    }
    if(!(p->next)||cnt>n-1)  puts("删除位置不合法");
    else
    {   LNode *q=p->next;
        p->next=q->next;
        delete q;
    }
}
void Count(LinkList *L)                 /*7.统计学生人数*/
{   LNode *p=L;
    int cnt=0;
    while(p->next)
    {   p=p->next;
        cnt++;
    }
    cout<<"学生人数为:"<<cnt<<endl;
```

```
}
int main()
{	LinkList L;
	puts("1.建立学生表,输入学生人数及信息");
	puts("2.逐个输出所有学生信息");
	puts("3.通过姓名查询学号与成绩");
	puts("4.输入指定位置，返回相应学生信息");
	puts("5.给定一个学生信息，将其插入到表中指定的位置");
	puts("6.删除指定位置的学生信息");
	puts("7.统计学生人数");
	puts("8.退出");
	string choice;
	while(1)
	{	puts("");
		puts("请输入你需要的功能序号(1-8)");
		cin>>choice;
		if((int)choice.size()!=1||choice[0]<'0'||choice[0]>'8')
		{	puts("无此功能!");
			continue;
		}
		int choices=choice[0]-'0';
		switch(choices)
		{	case 1:
				Input(L);
				break;
			case 2:
				Output(L);
				break;
			case 3:
				Search_name(L);
				break;
			case 4:
				Search_place(L);
				break;
			case 5:
				Insert(L);
				break;
			case 6:
				Delete(L);
```

```
                break;
            case 7:
                Count(L);
                break;
            case 8:
                puts("程序结束");
                return 0;
        }
    }
    return 0;
}
```

【运行与测试】

程序运行如下：

```
1.建立学生表,输入学生人数及信息
2.逐个输出所有学生信息
3.通过姓名查询学号与成绩
4.输入指定位置，返回相应学生信息
5.给定一个学生信息，将其插入到表中指定的位置
6.删除指定位置学生信息
7.统计学生人数
8.退出
```

```
请输入你需要的功能序号(1-8)
1
请输入学生人数
2
请依次输入学生学号(8位),姓名,成绩:
12345679 cyz 80
12345678 ltq 81
```

```
请输入你需要的功能序号(1-8)
3
请输入需要查找的姓名:
cyz
学号:12345679   姓名:cyz   成绩:80

请输入你需要的功能序号(1-8)
4
请输入需要查找的位置:
1
学号:12345678   姓名:ltq   成绩:81
```

```
请输入你需要的功能序号(1-8)
5
请输入需要插入的位置:
1
请依次输入需要插入的学生学号(8位),姓名,成绩:
12345676 wjh 82

请输入你需要的功能序号(1-8)
2
学号:12345676   姓名:wjh   成绩:82
学号:12345678   姓名:ltq   成绩:81
学号:12345679   姓名:cyz   成绩:80
```

```
请输入你需要的功能序号(1-8)
6
请输入需要删除的位置:
1

请输入你需要的功能序号(1-8)
7
学生人数为:2

请输入你需要的功能序号(1-8)
8
程序结束
```

2.2.3　两个多项式的相加操作

【问题描述】

设有两个多项式 $P_m(x)$、$Q_m(x)$，请设计算法实现 $P_m(x) + Q_m(x)$运算。要求：用链式存储结构实现，且对加法运算不重新开辟存储空间。例如：$P_m(x) = 5x^3 + 2x + 1$，$Q_m(x) = 3x^3 + x^2 - 2x - 3$，其计算结果为 $8x^3 + x^2 - 2$。

【数据结构】

本设计用单链表实现。单链表结点结构定义包含三个域：系数、指数、指针域。

【算法设计】

程序中设计了以下四个函数。

① 函数 Init()：用于初始化一个空链表。

② 函数 CreateFromTail()：用于创建一个链表。这里用尾插法来创建链表。

③ 函数 Polyadd()：用于实现两个多项式相加运算。

④ 函数 Print()：用于输出多项式。

两个多项式相加运算的实现过程如下：

(1) 将两个多项式分别用链表进行存放。

(2) 设置两个指针 p 和 q，分别从多项式 $P_m(x)$和 $Q_m(x)$的首结点移动。

(3) 比较 p 和 q 所指结点的指数项，分下面三种情况进行处理。

① 若 p->exp<q->exp，则 p 所指结点为多项式中的一项，p 指针在原来的基础上向后移动一个位置。

② 若 p->exp=q->exp，则将对应项的系数相加，然后分两种情况处理：如果系数项的和为 0，则释放 p 和 q 所指向的结点；如果系数项的和不为 0，则修改 p 所指向结点的系数域，并释放 q 结点。

③ 若 p->exp>q->exp，则 q 所指结点为多项式中的一项，q 指针在原来的基础上向后移动一个位置。

实验图 2.1 为两个多项式链表的示意图。

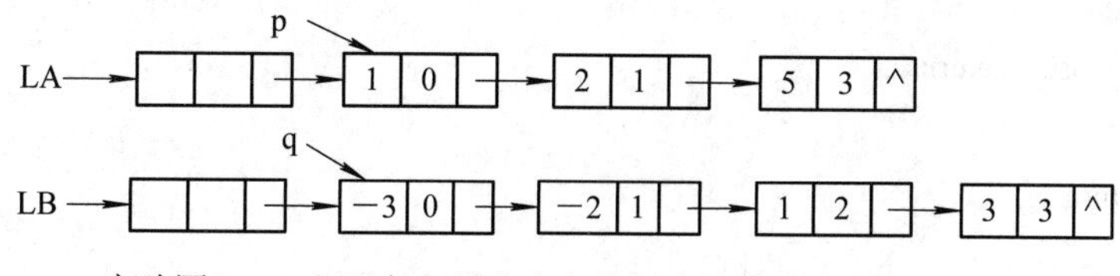

实验图 2.1　由两个多项式建立的两个线性链表的示意图

【程序实现】

```
#include <stdio.h>
#include <malloc.h>
#include <stdlib.h>
typedef struct poly
{   int exp;                                /*指数*/
    int coef;                               /*系数*/
    struct poly *next;                      /*指针域*/
}PNode, *PLinklist;                         /*多项式结点*/
int Init(PLinklist *head)                   /*链表初始化*/
{   *head=(PLinklist)malloc(sizeof(PNode));
    if(*head)
    {   (*head)->next = NULL;
        return 1;
    }
    else    return 0;
}
int CreateFromTail(PLinklist *head)         /*尾插法创建链表*/
{   PNode *pTemp, *pHead;
    int c;                                  /*存放系数*/
    int exp;                                /*存放指数*/
    int i=1;                                /*计数器提示用户输入第几项*/
    pHead = *head;
    scanf("%d, %d", &c, &exp);              /*输入系数和指数*/
    while(c!=0)                             /*系数为 0 表示结束输入*/
    {   pTemp=(PLinklist)malloc(sizeof(PNode));
        if(pTemp)
        {   pTemp->exp = exp;               /*接收指数*/
            pTemp->coef = c;                /*接收系数*/
            pTemp->next = NULL;
            pHead->next = pTemp;
            pHead = pTemp;
            scanf("%d, %d", &c, &exp);
        }
        else    return 0;
    }
    return 1;
}
```

```
void Polyadd(PLinklist LA, PLinklist LB)      /*两个多项式相加，两个表都是按指数顺序增长*/
{  /*比较指数：A<B 时，将 A 链到 LA 后；A=B 时，比较系数；A>B 时，将 B 链到表中*/
   PNode *p= LA->next;                 /*用于在 LA 中移动*/
   PNode *q = LB->next;                /*用于在 LB 中移动*/
   /*LA 与 LB 充当 p 和 q 的前驱*/
   PNode *temp;                        /*保存要删除的结点*/
   int sum = 0;                        /*存放系数的和*/
   while(p&&q)
   {  if(p->exp<q->exp)
      {  LA->next = p;                 /*LA 的当前结点可能是 q 或 p*/
         LA = LA->next;
         p = p->next;
      }
      else
        if(p->exp==q->exp)             /*若指数相等, 则系数相加*/
        {  sum = p->coef+ q->coef;
           if(sum)                     /*系数不为 0, 结果存入 p 中, 同时删除结点 q*/
           {  p->coef = sum;
              LA->next = p;
              LA = LA->next;
              p = p->next;
              temp = q;
              q = q->next;
              free(temp);
           }
           else                        /*系数为 0 时的情况下删除两个结点*/
           {  temp = p;
              p= p->next;
              free(temp) ;
              temp = q;
              q = q->next;
              free(temp);
           }
      }
      else
      {  LA->next = q;
         LA = LA->next;
         q =q->next;
      }
```

```
    }
    if(p)                          /*将剩余结点链入链表*/
        LA->next = p;
    else
        LA->next = a;
}
void Print(PLinklist head)          /*输出多项式*/
{   head = head->next;
    while(head)
    {   if(head->exp)
            printf("%dx^%d", head->coef, head->exp);
        else
            printf("%d", head->coef);
        if(head->next)
            printf("+");
        else
            break;
        head = head->next;
    }
}
void main()
{   PLinklist LA;   /*多项式列表 LA*/
    PLinklist LB;   /*多项式列表 LB*/
    Init(&LA);
    Init(&LB);
    printf("输入第一个多项式的系数，指数(例如 10, 2)输入 0, 0 结束输入\n");
    CreateFromTail(&LA);
    printf("输入第二个多项式的系数，指数(例如 10, 2)输入 0, 0 结束输入\n");
    CreateFromTail(&LB);
    Print(LA);
    printf("\n");
    Print(LB);
    printf("\n");
    Polyadd(LA, LB);
    printf("两个多项式相加的结果：\n");
    Print(LA);        /*相加后结果保存在 LA 中，打印 LA*/
    printf("\n");
}
```

【运行与测试】

程序运行如下：

```
输入第一个多项式的系数，指数(例如10, 2)输入0, 0结束输入
1,0 2,1  5,3 0,0
输入第二个多项式的系数，指数(例如10, 2)输入0, 0结束输入
-3,0  -2,1  1,2   3,3  0,0
1+2x^1+5x^3
-3+-2x^1+1x^2+3x^3
两个多项式相加的结果：
-2+1x^2+8x^3
```

注意：这里两个多项式按指数增长输入。

2.2.4 约瑟夫环问题

【问题描述】

设有 n 个人围坐在圆桌周围，现从某个位置 m(1≤m≤n)上的人开始报数，报数到 k 的人就站出来。下一个人，即原来的第 k+1 位置上的人又从 1 开始报数，再报数到 k 的人站出来。如此重复下去，直到全部的人都站出来为止。试设计一个程序，求出出列序列。

【数据结构】

本设计用循环单链表实现。

【算法设计】

这是一个使用循环单链表的经典问题。因为要不断地出列，采用链表的存储形式能更好地模拟出列的情况。本算法即采用一个不带头结点的循环单链表来处理约瑟夫环问题，其中的 n 个人用 n 个结点来表示。

程序中设计了以下两个函数。

① 函数 Create_clist()：用于创建一个不带头结点的循环单链表，clist 为头指针，创建结束后让全局指针 joseph 指向循环单链表的表头。

② 函数 Joseph()：用于实现出列操作。

Joseph 算法伪代码描述如下：

```
{  初始化工作指针 p=joseph;
   循环做 p=p->next，直到 p 指向第 m 个结点(从 m 报数);
   while p
   {  循环做 p=p->next，直到 p 指向第 k-1 个结点;
      q=p->next，输出结点 q 的编号(输出数到 k 的人);
      if(p->next==p 即链表中只有一个结点)(数到 k 的人出列)
           删除 p;
      else  删除 q;
   }
   链表指针 clist 置空;
}
```

约瑟夫环问题存储示意图如实验图 2.2 所示。

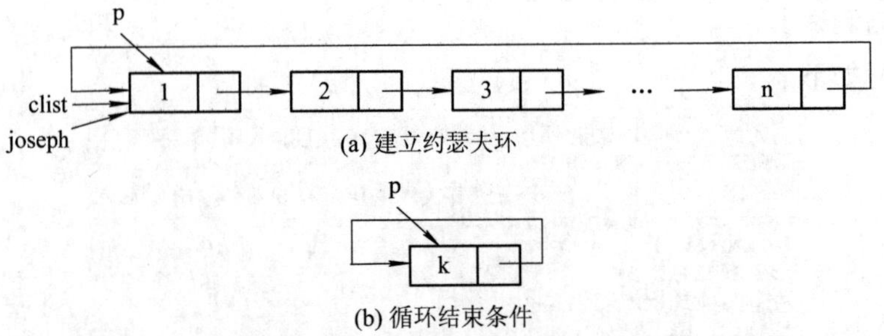

(a) 建立约瑟夫环

(b) 循环结束条件

实验图 2.2　约瑟夫环问题存储示意图

在此算法中，每次找出需出列的结点，要经过 k 次循环移动定位指针。全部结点出列需经过 n 个 k 次循环。因此，本算法的时间复杂度为 O(k × n)。在实际问题的处理中，有许多与约瑟夫环问题类似，都可以采用此方法完成。

【程序实现】

```
#include <stdio.h>
#include <stdlib.h>
#include <conio.h>
#define OVERFLOW -1
typedef int Elemtype;                        /*定义数据元素类型*/
typedef struct Cnode                         /*定义数据类型*/
{   Elemtype data;
    struct Cnode *next;
}CNode;
CNode *joseph;                               /*定义一个全局变量*/
int Create_clist(CNode *clist, int n)   /*创建循环单链表*/
{   CNode *p, *q;
    int i;
    clist=NULL;
    for(i=n; i>=1; i--)
    {   p=(CNode *)malloc(sizeof(CNode));
        if(p==NULL) return OVERFLOW;  /*存储分配失败*/
        p->data=i;
        p->next=clist;
        clist=p;
        if(i==n) q=p;                          /*用 q 指向链表的最后一个结点*/
    }
    q->next=clist;   /*把链表的最后一个结点的链域指向链表的第一个结点，构成循环单链表*/
    joseph=clist;    /*把创建好的循环单链表的头指针赋给全局变量*/
    return 1;
}
```

```
int Joseph(CNode *clist, int m, int n, int k)
{   int i;
    CNode *p, *q;
    if(m>n) return -1;                      /*起始位置错*/
    if(!Create_clist(clist, n)) return -1;  /*循环单链表创建失败*/
    p=joseph;                               /*p 指向创建好的循环单链表*/
    for(i=1; i<m; i++)   p=p->next;         /*p 指向 m 位置的结点*/
    while(p)
    {   for(i=1; i<k-1; i++) p=p->next;     /*找出第 k-1 个结点*/
        q=p->next;
        printf(" %d", q->data);             /*输出应出列的结点*/
        if(p->next==p) p=NULL;              /*删除最后一个结点*/
        else
        {   p->next=q->next;
            p=p->next;
            free(q);
        }
    }
    clist=NULL;
    return 1;
}
void main( )
{   int m, n, k;
    CNode *clist;
    clist=NULL;                             /*初始化 clist*/
    printf("\n 请输入围坐在圆桌周围的人数 n：");
    scanf("%d", &n);
    printf(" 请输入第一次开始报数人的位置 m：");
    scanf("%d", &m);
    printf(" 你希望报数到第几个数的人出列?");
    scanf("%d", &k);
    Create_clist(clist, n);                 /*创建一个有 n 个结点的循环单链表 clist*/
    printf(" 出列的顺序如下：\n");
    Joseph(clist, m, n, k);
    printf("\n");
}
```

【运行与测试】

程序运行如下：

```
请输入围坐在圆桌周围的人数n: 13
请输入第一次开始报数人的位置m: 5
你希望报数到第几个数的人出列?6
出列的顺序如下:
10 3 9 4 12 7 5 2 6 11 8 1 13
```

2.2.5　狐狸逮兔子实验

【问题描述】

围绕着山顶有 10 个圆形排列的洞，狐狸要吃兔子，兔子说：“可以，但必须找到我，我就藏身于这 10 个洞中，你先到 1 号洞找，第二次隔 1 个洞(即 3 号洞)找，第三次隔 2 个洞(即 6 号洞)找，以后以此类推，次数不限。”但狐狸从早到晚进进出出了 1000 次，仍没有找到兔子。问：兔子究竟藏在哪个洞里？

【数据结构】

本设计用顺序表实现。

【算法设计】

程序中设计了以下两个函数。

① 函数 InitList_Sq()：用于构造一个空的线性表。

② 函数 Rabbit()：用于实现狐狸逮兔子算法。

本算法思路比较简单，这实际上是一个反复查找线性表的过程。在程序中定义一个顺序表，用具有 10 个元素的顺序表来表示这 10 个洞。每个元素分别表示围着山顶的一个洞，下标为洞的编号。首先将所有洞标记为 1；然后通过 1000 次循环，对每次所进之洞标记为 0；最后输出标记为 1 的洞。

狐狸逮兔子算法伪代码描述如下：

```
{    初始化当前洞口号的计数器 i=0;
     循环将所有洞标记为 1;
     for 循环
     {  计算进洞位置：current=(current+i)%线性表长;
        将该洞标记为 0;
     }
     for 循环
     {  如果某洞标记为 1，即(*L).elem[i]==1;
        则输出该洞;
     }
}
```

【程序实现】

```
#include <stdio.h>
#include <stdlib.h>
#include <conio.h>
```

```
#define OK 1
#define OVERFLOW -2
typedef int status;
typedef int ElemType;
#define LIST_INIT_SIZE 10          /*线性表存储空间的初始分配量*/
typedef struct
{   ElemType *elem;                /*存储空间基址*/
    int  length;                   /*当前长度*/
    int  listsize;                 /*当前分配的存储容量(以 sizeof(ElemType)为单位)*/
}SqList;
status InitList_Sq(SqList *L)                  /*构造一个线性表 L*/
{   (*L).elem=(ElemType *)malloc(LIST_INIT_SIZE*sizeof(ElemType));
    if(!((*L).elem)) return OVERFLOW;          /*存储分配失败*/
    (*L).length=0;                             /*空表长度为 0*/
    (*L).listsize=LIST_INIT_SIZE;              /*初始存储容量*/
    return OK;
}
status Rabbit(SqList *L)           /*构造狐狸逮兔子函数*/
{   int i, current=0;              /*定义一个当前洞口号的计数器，初始位置为第一个洞口*/
    for(i=0; i<LIST_INIT_SIZE; i++)
        (*L).elem[i]=1;            /*将每个洞口标记为 1，表示狐狸未进洞*/
    (*L).elem[0]=0;                /*第一次进入第一个洞，标记进过的洞为 0 */
    for(i=2; i<=1000; i++)
    {   current=(current+i)%LIST_INIT_SIZE;    /*实现顺序表的循环引用*/
        (*L).elem[current]=0;                  /*标记进过的洞为 0*/
    } /*第二次隔 1 个洞查找，第三次隔 2 个洞查找，以后以此类推，经过 1000 次*/
    printf("\n 兔子可能藏在如下的洞中：") ;
    for(i=0; i<LIST_INIT_SIZE; i++)
        if((*L).elem[i]= =1)
            printf("\n 第%d 号洞", i+1);            /*输出未进过的洞号*/
    return OK;
}
void main()
{   SqList L;
    InitList_Sq(&L);
    Rabbit(&L);
    printf("\n");
    getch();
}
```

【运行与测试】

程序运行如下：

```
兔子可能藏在如下的洞中：
第2号洞
第4号洞
第7号洞
第9号洞
```

2.3 实验题

1. 处理约瑟夫环问题也可用数组完成，请编写使用数组实现约瑟夫环问题的算法和程序。

【提示】首先定义线性表的顺序存储结构，约瑟夫环问题的算法思路参看本章的2.2.4小节。

2. 假设有两个按元素值递增有序排列的线性表A和B，均以单链表作存储结构，请编写算法将表A和表B归并成一个按元素非递减有序(允许值相同)排列的线性表C，并要求利用原表(即表A和表B)的结点空间存放表C。

【提示】除指向线性表C头结点的指针外，还需设置三个指针Pa、Pb、Pc。首先，Pa、Pb分别指向线性表A和B的第一个结点，Pc指向线性表C的头结点；然后，比较Pa与Pb的值的大小，让Pc的后继指针指向较小值的指针，接着Pc向后移动，较小值的指针也向后移动；以此类推，直到Pa、Pb中某一个为空，这时，让Pc的后继指针指向Pa、Pb中非空的指针，这样就完成了C表的建立。

3. 给定一个整数数组b[0..N-1]，b中连续相等元素构成的子序列称为平台，试设计算法，求出b中最长平台的长度。

【提示】设置一个平台长度变量Length和一个计数器Sum。初始化Length为1，Sum为1，再设置两个下标指针i、j。首先，i指向第一个数组元素，j指向第二个数组元素；然后，比较i、j指向元素值的大小，若相等，则Sum++，i++，j++，再次比较i、j指向元素值的大小，若不相等，则比较Length与Sum的大小，如果Sum的值大于Length的值，则把Sum的值赋给Length后将Sum的值重置为1，同时i、j也向前各移动一位；重复上面的过程，直到i指向最后一个元素为止，此时的Length就是最长平台的长度。

4. 实现两个大整数的加法运算。C语言中整型数的范围为$-2^{31}\sim2^{31}-1$，无符号整型数的范围为$0\sim2^{32}-1$，即0～4 294 967 295，可以看出，不能存储超出10位的整数。有些问题需要处理的整数远不止10位。这种大整数用C语言的整数类型无法直接表示。请编写算法完成两个大整数的加法运算。

【提示】处理大整数的一般方法是用数组存储大整数，数组元素代表大整数的一位，通过数组元素的运算模拟大整数的运算。注意需要将输入到字符数组的字符转换为数字。程序中可以定义两个顺序表LA、LB来存储两个大整数，用顺序表LC存储求和的结果。

5. 设计一个学生成绩数据库管理系统。学生成绩管理是学校教务部门日常工作的重要组成部分，其处理信息量很大。本题是对学生成绩管理的简单模拟，用菜单选择方式完成下列功能：输入学生数据；输出学生数据；查询学生数据；添加学生数据；修改学生数据；删除学生数据。用户可自行定义和创建数据库，并保存数据库信息到指定文件以及打开并使用已存在的数据库文件。

【提示】 本题中的数据是一组学生的成绩信息，每条学生的成绩信息可由学号、姓名和成绩组成，这组学生的成绩信息具有相同特性，属于同一数据对象，相邻数据元素之间存在序偶关系。由此可以看出，这些数据具有线性表中数据元素的性质，所以该系统的数据采用线性表来存储。本题的实质是完成对学生成绩信息的建立、查找、插入、修改、删除等功能，因此可以先构造一个单链表(其结点信息包括字段名、字段类型以及指向下一结点的指针)，通过创建单链表来达到创建库结构的目的；然后将每个功能写成一个函数来实现对数据的操作；最后编写主函数，验证各个函数功能并得出运行结果。

第三章　栈与队列及其应用

3.1　实验目的

本章实验的目的在于使读者深入了解栈和队列的特征。栈和队列广泛应用在各种软件系统中，掌握栈和队列的存储结构及基本操作的实现是以栈和队列作为数据结构解决实际问题的基础。尤其是栈和队列有许多经典应用，比如递归、作业排队等问题，深刻理解并实现这些经典应用，对于提高数据结构和算法的应用能力具有重要的作用。

3.2　实验指导

栈的特点是“先进后出”。利用栈的这一特点可解决一大类计算机领域的问题，比如“中断”“函数的调用”“递归方法的实现”等。

队列的特点是“先进先出”。在日常生活中队列很常见，例如，我们经常排队购物或购票，排队则体现了先来先服务(即先进先出)的原则。排队是社会秩序化最为简单的一种方式。在校园生活中，我们应从有序排队开始，遵守社会秩序，践行社会主义核心价值观，争做文明公民。

本章的实验内容围绕着栈和队列在不同存储结构下的基本操作以及栈和队列的实际应用展开。

3.2.1　顺序栈的基本操作实现

【问题描述】

建立一个顺序栈，实现入栈、出栈和取栈顶元素的操作。

【数据结构】

本设计用顺序栈实现。

【算法设计】

程序中设计了以下三个函数。

① 函数 Push()：用于实现元素的入栈操作。

② 函数 Pop()：用于实现元素的出栈操作。

③ 函数 GetTop()：用于实现取栈顶元素的操作。

【程序实现】

```
#include <stdio.h>
#include <stdlib.h>
#include <conio.h>
#define maxsize 20
#define datatype char
typedef struct
{   datatype data[maxsize];
    int top;
} SeqStack;
int Push(SeqStack *s, datatype x)              /*入栈*/
{   if (s->top==maxsize-1) return 0;
    s->data[++s->top]=x;
    return 1;
}
int Pop(SeqStack *s, datatype *x)              /*出栈*/
{   if(s->top==-1)   return 0;
    *x=s->data[s->top--];
    return 1;
}
int GetTop(SeqStack *s, datatype *x)           /*取栈顶元素*/
{   if(s->top==-1) return 0;
    *x=s->data[s->top];
    return 1;
}
char menu(void)   /*主界面菜单*/
{   char ch;
    system("cls");
    printf("\n"); printf("\n");
    printf("                    顺序栈操作      \n");
    printf("            =============================\n");
    printf("                     请选择\n");
    printf("                     1. 入栈\n");
    printf("                     2. 出栈\n");
    printf("                     3. 取栈顶元素\n");
    printf("                     0. 退出\n");
    printf("            =============================\n");
```

```
    printf("            选择(0, 1, 2, 3):");
    ch=getchar();
    return(ch);
}
void main()
{   SeqStack st;
    int flag=1, k;
    datatype x;
    char choice;
    st.top=-1;             /*栈的初始化*/
    do{    choice=menu();
           switch (choice)
           {   case '1':
                    printf(" 请输入入栈数据=?");
                    scanf("%d", &x);
                    k=Push(&st, x);
                    if(k) printf(" 入栈成功.");
                    else printf(" 栈已满.");
                    getch();
                    break;
               case '2':
                    k=Pop(&st, &x);
                    if(k) printf(" 出栈数据=%d\n", x);
                    else printf(" 栈为空.");
                    getch();
                    break;
               case '3':
                    k=GetTop(&st, &x);
                    if(k) printf(" 栈顶元素=%d\n", x);
                    else printf(" 栈为空.");
                    getch();
                    break;
               case '0': flag=0; break;
           }
    }while(flag==1);
}
```

【运行与测试】

依次输入入栈数据 10、20、30，则出栈结果为栈顶元素 30，取栈顶元素结果为当前栈顶元素 20。程序运行如下：

```
                顺序栈操作
        ============================
                 请选择
                 1. 入栈
                 2. 出栈
                 3. 取栈顶元素
                 0. 退出
        ============================
          选择(0, 1, 2, 3):1
请输入入栈数据=?10
入栈结束.
```

```
                顺序栈操作
        ============================
                 请选择
                 1. 入栈
                 2. 出栈
                 3. 取栈顶元素
                 0. 退出
        ============================
          选择(0, 1, 2, 3):2
出栈数据=30
```

```
                顺序栈操作
        ============================
                 请选择
                 1. 入栈
                 2. 出栈
                 3. 取栈顶元素
                 0. 退出
        ============================
          选择(0, 1, 2, 3):3
栈顶元素=20
```

3.2.2 链栈的基本操作实现

【问题描述】

将十进制整数转换为 r 进制。要求转换方法采用辗转相除法，并用链栈实现。

【数据结构】

本设计用链栈实现。

【算法设计】

程序中设计了以下四个函数。

① 函数 InitStack()：用于初始化一个顺序栈。

② 函数 Empty()：用于实现栈的判空操作。

③ 函数 Pop()：用于实现元素的出栈操作。

④ 函数 Convert()：用于实现数制转换算法。

数制转换问题需要用到栈的基本操作，程序中用三个函数分别实现链栈的入栈、判空和出栈操作。主函数有两个输入，即输入待转换的数和要转换的进制。函数 Convert()对待转换的数先判断其正负，然后用 if…else 语句分别实现正数和负数的转换。转换的思想是：利用算术运算中的取余和取整操作，借助栈的操作，进行辗转相除。

【程序实现】

```
#include <stdio.h>
#include <stdlib.h>
typedef int datatype;
typedef struct node
{   datatype data;
    struct node *next;
}*linkstack;
int Push(linkstack *top, datatype x)                 /*入栈操作*/
{   linkstack s = (linkstack)malloc(sizeof(struct node));   /*分配内存空间*/
    if (s == NULL) return 0;                  /*分配失败，返回0*/
    s->data = x;                              /*数据域赋值*/
    s->next = (*top);                         /*将当前栈顶元素作为新元素的下一个结点*/
    (*top) = s;                               /*更新栈顶指针*/
    return 1;                                 /*入栈成功，返回1*/
}
int Empty(linkstack top)                      /*判空操作*/
{    if (top == NULL)
         return 1;                            /*栈空，返回1*/
     return 0;                                /*否则返回0*/
}
int Pop(linkstack *top, datatype *x)          /*出栈操作*/
{   if (*top != NULL)
     {   linkstack p = (*top);                /*临时指针指向栈顶*/
         *x = (*top)->data;                   /*获取栈顶元素的值*/
         *top = (*top)->next;                 /*更新栈顶指针，指向下一个结点*/
         free(p);                             /*释放原栈顶结点的内存空间*/
         return 1;                            /*出栈成功，返回1*/
     }
     return 0;                                /*若栈空，则出栈失败，返回0*/
}
void Convert(int num, int mode)               /*十进制整数转换为任意进制数*/
{    int h;
     linkstack top = NULL;                    /*初始化栈顶指针为空*/
     printf("转换结果为: ");
     if (num > 0)
     {   while (num != 0)
         {   h = num % mode;                  /*取余数*/
             Push(&top, h);                   /*入栈*/
             num = num / mode;                /*更新被除数*/
```

```
            }
            while (!Empty(top))
            {    Pop(&top, &h);            /*出栈并打印*/
                 printf("%d ", h);
            }
            printf("\n");
        }
        else
          if (num < 0)
          {  printf("-");                  /*若是负数，则打印负号*/
             num = num * (-1);             /*取绝对值*/
             while (num != 0)
             {   h = num % mode;           /*取余数*/
                 Push(&top, h);            /*入栈*/
                 num = num / mode;         /*更新被除数*/
             }
             while (!Empty(top))
             {   Pop(&top, &h);            /*出栈并打印*/
                 printf("%d ", h);
             }
             printf("\n");
          }
          else
             printf("%d\n", 0);            /*若为 0，则直接打印 0*/
    }
    int main()
    {    int num, mode;
         printf("\n 输入要转换的数: ");
         scanf("%d", &num);
         printf("输入要转换的进制: ");
         scanf("%d", &mode);
         Convert(num, mode);               /*调用转换函数*/
         return 0;
    }
```

【运行与测试】

程序运行如下：

```
 输入要转换的数:89
 输入要转换的进制:2
转换结果为:1 0 1 1 0 0 1
```

思考：本程序实现的是整数的转换，若将十进制有理数转换为 r 进制的数，应如何实现？

3.2.3　循环队列的基本操作实现

【问题描述】

建立一个循环队列，实现队列的初始化、入队列、出队列、判空和判满操作。

【数据结构】

本设计用循环队列实现。

【算法设计】

解决循环队列中队空和队满问题有两种方法：一种方法是附设一个存储队列中元素个数的变量 num，利用 num 的值来判断队空和队满；另一种方法是少用一个元素空间。本设计使用第一种方法。

程序中设计了以下五个函数。

① 函数 InitSeQueue()：用于实现循环队列的初始化操作。

② 函数 IsEmpty()：用于实现循环队列的判空操作。

③ 函数 IsFull()：用于实现循环队列的判满操作。

④ 函数 In_SeQueue()：用于实现循环队列的入队列操作。

⑤ 函数 Out_SeQueue()：用于实现循环队列的出队列操作。

主函数中利用循环调用入队列和出队列函数来完成循环队列的入队列和出队列输出元素操作。

【程序实现】

```
#include <stdio.h>
#define maxsize 20
typedef int datatype;
typedef struct Queue
{   datatype data[maxsize];
    int front, rear;
    int num;
}*SeQueue;
int InitSeQueue(SeQueue *Q)                      /*循环队列初始化*/
{    (*Q) = (SeQueue)malloc(sizeof(struct Queue));        /*分配内存空间*/
     if ((*Q) == NULL)  return 0;           /*分配失败，返回 0*/
     (*Q)->front = -1;                      /*初始化队头指针*/
     (*Q)->rear = -1;                       /*初始化队尾指针*/
     (*Q)->num = 0;                         /*初始化队列元素个数*/
     return 1;                              /*初始化成功，返回 1*/
}
```

```
int IsEmpty(SeQueue Q)                      /*循环队列判空*/
{   if (Q->num == 0) return 1;              /*队列空，返回 1*/
    return 0;                               /*否则返回 0*/
}
int IsFull(SeQueue Q)                       /*循环队列判满*/
{   if (Q->num == maxsize - 1)
         return 1;                          /*队列满，返回 1*/
    return 0;                               /*否则返回 0*/
}
int In_SeQueue(SeQueue *Q, datatype x)      /*入队列操作*/
{   if (!IsFull(*Q))
    {    (*Q)->rear = ((*Q)->rear + 1) % maxsize;         /*循环更新队尾指针*/
         (*Q)->data[(*Q)->rear] = x;                      /*将元素入队列*/
         (*Q)->num++;                                     /*更新队列元素个数*/
         return 1;                                        /*入队列成功，返回 1*/
    }
    return 0;                                             /*入队列失败，返回 0*/
}
int Out_SeQueue(SeQueue *Q, datatype *x)                  /*出队列操作*/
{     if (!IsEmpty(*Q))
      {  (*Q)->front = ((*Q)->front + 1) % maxsize;       /*循环更新队头指针*/
         *x = (*Q)->data[(*Q)->front];                    /*获取队头元素的值*/
         (*Q)->num--;                                     /*更新队列元素个数*/
         return 1;                                        /*出队列成功，返回 1*/
      }
      return 0;                                           /*出队列失败，返回 0*/
}
in tmain()
{     datatype x;
      int i;
      SeQueue q;
      InitSeQueue(&q);                     /*初始化循环队列*/
      printf("\n 输入 10 个整数元素入队列: ");
      for (i = 0; i < 10; i++)
      {  scanf("%d", &x);
         In_SeQueue(&q, x);                /*入队列*/
      }
      printf(" 出队列并输出: ");
      for (i = 0; i < 10; i++)
```

```
    {   Out_SeQueue(&q, &x);            /*出队列并输出*/
        printf(" %d", x);
    }
    printf("\n");
    return 0;
}
```

【运行与测试】

程序运行如下：

```
输入10个整数元素入队列:2 4 6 8 10 12 14 16 18 20
出队列并输出: 2 4 6 8 10 12 14 16 18 20
```

3.2.4 后缀表达式求值

【问题描述】

计算用运算符后缀法表示的表达式的值。如：表达式(a+b*c)/d-e 用后缀法表示应为abc*+d/e-。只考虑四则算术运算，且假设输入的操作数均为一位十进制数(0～9)，并且输入的后缀表达式不含语法错误。

【数据结构】

本设计用顺序栈实现。

【算法设计】

后缀表达式也称逆波兰表达式，比中缀表达式计算起来更方便简单些。中缀表达式计算时存在括号匹配问题，所以在计算表达式值时一般都是先将其转换成后缀表达式，再用后缀法计算表达式的值。

程序中设计了以下六个函数。

① 函数 Init()：用于初始化一个顺序栈。

② 函数 Empty()：用于实现栈的判空操作。

③ 函数 Push()：用于实现入栈操作。

④ 函数 Pop()：用于实现出栈操作。

⑤ 函数 Top()：用于取栈顶元素。

⑥ 函数 Eval_r()：用于对两个操作数进行相应的算术运算。

算法中对后缀法表示的表达式求值按如下规则进行：自左向右扫描，每遇到一个 n+1 元组(opd1, opd2, …, opdn, opr)(其中 opd 为操作数，opr 为 n 元运算符)，就计算一次 opr(opd1, opd2, …, opdn)的值，其结果取代原来表达式中 n+1 元组的位置，再从表达式开头重复上述过程，直到表达式中不含运算符为止。

后缀表达式求值算法的伪代码描述如下：

```
{   初始化栈 s;
    while (ch 存放当前读入字符，ch!='\n')
    {  若 ch 为数字，则 c 转换为数字入栈 s;
```

```
        若ch为运算符，则从栈s中出两个操作数，做ch规定的运算，将运算结果重新压入栈s;
      }
  }
```

例如：实验图3.1中二叉树的后缀表达式为145*+3/3-，中缀表达式为1+4*5/3-3。

输入：145*+3/3-↙

输出：145*+3/3-= 4 (即求(1+4*5)/3-3 的结果)

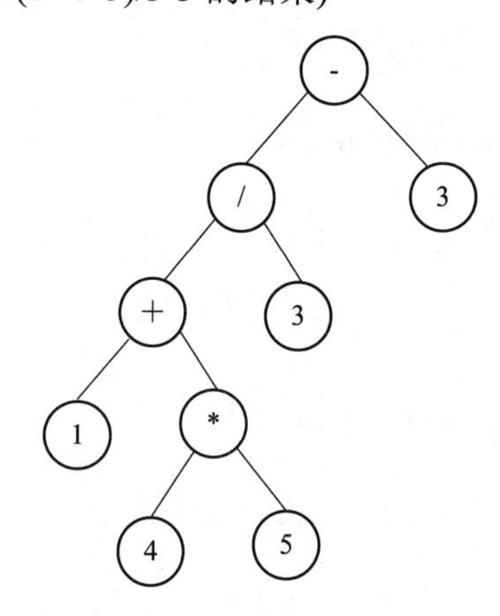

实验图3.1　二叉树的示意图

【程序实现】

```
#include <stdio.h>
#include <stdlib.h>
#include <conio.h>
#define add 43
#define subs 45
#define mult 42
#define div 47
#define MAXSIZE 100
typedef struct
{   int data[MAXSIZE];       /*用数组来表示栈空间，定义长度为MAXSIZE的堆栈*/
    int top;
}seqstack;
seqstack *s;
seqstack *Init()             /*执行栈初始化*/
{   seqstack *s;
    s=(seqstack *)malloc(sizeof(seqstack));
    if(!s)
    {   printf("初始化失败!"); return NULL; }
    else
    {   s->top=-1; return s;   }
```

```
}
int Empty(seqstack *s)                    /*判断栈是否为空栈*/
{   if(s->top==-1) return 1;
    else return 0;
}
int Push(seqstack *s, int x)
{   if(s->top==MAXSIZE-1) return 0;
    else
    {   s->top++; s->data[s->top]=x; return 1; }
}
int Pop(seqstack *s, int *x)
{   if (Empty(s)) return 0;
    else
    {   *x=s->data[s->top]; s->top--; return 1; }
}
int Top(seqstack *s)
{   if(Empty(s)) return 0;
    else return s->data[s->top];
}
int Eval_r(char t, int a1, int a2)
{   switch(t)
    {   case add:return(a1+a2);
        case subs:return(a1-a2);
        case mult:return(a1*a2);
        case div:return(a1/a2);
    }
}
void main()
{   char ch;
    int op1, op2, temp, ch1;
    s=Init();
    printf("\n 输入后缀表达式：");
    while((ch=getchar())!='\n')
    {   if(ch==' ') continue;
        if(ch>47&&ch<58)                   /*如果读入的是操作数，则入操作数栈*/
        {   putchar(ch); ch1=ch-48; Push(s, ch1); }
        else
            if(ch==add||ch==subs||ch==mult||ch==div) /*如果是操作符，则出栈运算，将结果入栈*/
            {   putchar(ch);
                Pop(s, &op1);                  /*将运算量 1 出栈*/
```

```
                Pop(s, &op2);                          /*将运算量 2 出栈*/
                temp=Eval_r(ch, op2, op1);             /*计算得到结果*/
                Push(s, temp);                         /*将运算结果进栈*/
            }
            else printf("表达式语法错!\n");             /*出现非法字符*/
        }
        Pop(s, &op1);
        printf("=%d\n", op1);
        getch();
    }
```

【运行与测试】

程序运行如下：

```
输入后缀表达式: 145*+3/3-
145*+3/3-=4
```

3.2.5 八皇后问题

【问题描述】

八皇后问题是一个古老而著名的问题，是回溯算法的典型例题。该问题具体描述为：在 8×8 个方格的国际象棋棋盘上摆放八个皇后，使其不能互相攻击，问有多少种摆法？要使八个皇后不能互相攻击，需满足任意两个皇后不能处于同一行、同一列或同一条对角线上的条件，这样的格局称为问题的一个解。编写程序求出所有解。

【数据结构】

本设计用二维数组实现。

【算法设计】

八皇后在棋盘上分布的各种可能的格局数目非常大，约为 2^{32} 种，但是，可以将一些明显不满足问题要求的格局排除掉。由于任意两个皇后不能同行，即每一行只能放置一个皇后，因此将第 i 个皇后放置在第 i 行上。这样在放置第 i 个皇后时，只要考虑它与前 i−1 个皇后处于不同列和不同对角线位置上即可。

对于八皇后的求解可采用回溯算法，从上至下依次在每一行放置皇后，进行搜索，若在某一行的任意一列放置皇后均不能满足要求，则不再向下搜索而进行回溯，回溯至有其他列可放置皇后的一行再向下搜索，搜索至最后一行，找到可行解，输出结果。

程序中设计了以下三个函数。

① 函数 Check()：用于判断皇后所放位置(row，column)是否可行。

② 函数 Output()：用于输出可行解，即输出棋盘。

③ 函数 EightQueen()：采用递归算法实现在第 row 行放置皇后。

【程序实现】

```
#include <stdio.h>
#include <stdlib.h>
```

```
typedef int bool;
#define true 1
#define false 0
int num = 0;    /*格局数目*/
char m[8][8] = {'*'};   /*m[8][8]表示棋盘，初始为*，表示未放置皇后*/
/*棋盘前 row-1 行已放置好皇后，检查在第 row 行、第 column 列放置一个皇后是否可行*/
bool Check(int row, int column)
{   int i, j;
    if(row==1) return true;
    for(i=0; i<=row-2; i++)   /*纵向只能有一个皇后*/
    {   if(m[i][column-1]=='Q')   return false;   }
    /*左上至右下只能有一个皇后*/
    i = row-2;
    j = i-(row-column);
    while(i>=0&&j>=0)
    {    if(m[i][j]=='Q') return false;
         i--;
         j--;
    }
    /*右上至左下只能有一个皇后*/
    i = row-2;
    j = row+column-i-2;
    while(i>=0&&j<=7)
    {   if(m[i][j]=='Q') return false;
        i--;
        j++;
    }
    return true;
}
void Output()   /*当已放置了八个皇后，为可行解时，输出棋盘*/
{   int i, j;
    num ++;
    printf("可行解 %d:\n", num);
    for(i=0; i<8; i++)
    {   for(j=0; j<8; j++)
        {    if(m[i][j]=='Q')
             {   printf("Q");   }
             else
             {   printf("*");   }
        }
```

```
            printf("\n");
        }
    }
    /*采用递归算法实现在第 row 行放置皇后*/
    void EightQueen (int row)
    {   int j;
        for (j=0; j<8; j++)                 /*考虑在第 row 行的各列放置皇后*/
        {   m[row-1][j] = 'Q';              /*在其中一列放置皇后*/
            if (Check(row, j+1)==true)      /*检查在该列放置皇后是否可行*/
            {   if(row==8) Output(); /*若该列可放置皇后且该列为最后一列，则找到一可行解，输出*/
                else EightQueen (row+1);    /*若该列可放置皇后，则向下一行继续搜索、求解*/
            }
            /*取出该列的皇后，进行回溯，在其他列放置皇后*/
            m[row-1][j] = '*';
        }
    }
    void main()     /*主函数*/
    {   EightQueen (1);         /*求解八皇后问题*/
    }
```

【运行与测试】

用二维数组表示 8×8 个方格的国际象棋棋盘。部分程序运行结果如下：

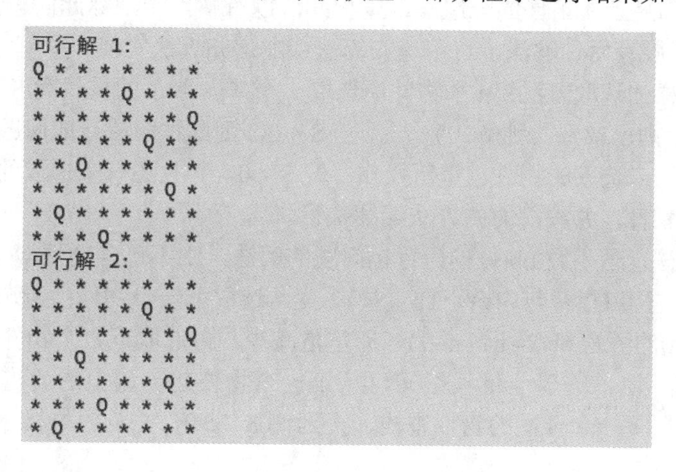

```
可行解 1:
Q * * * * * * *
* * * * Q * * *
* * * * * * * Q
* * * * * Q * *
* * Q * * * * *
* * * * * * Q *
* Q * * * * * *
* * * Q * * * *
可行解 2:
Q * * * * * * *
* * * * * Q * *
* * * * * * * Q
* * Q * * * * *
* * * * * * Q *
* * * Q * * * *
* Q * * * * * *
```

3.3 实验题

1. 假设一个算术表达式中包含圆括号、方括号或花括号，括号对之间允许嵌套但不允许交叉，设计算法并上机实现：判断输入的表达式是否正确配对。括号配对正确，返回 OK，否则返回 ERROR。

【提示】 此题用顺序栈实现。解决的关键在于对各种括号符号的处理。程序中可以使用一个运算符栈，逐个读入字符，当遇到“(”“[”或“{”时入栈，当遇到“)”“]”或“}”时判断栈顶指针是否为匹配的括号。若不是匹配的括号，则算法结束；若是匹配的括号，则退栈，继续读取下一个字符，直到所有字符读完为止。若栈是空栈，则说明括号是匹配的，否则说明括号不匹配。

2. 对一个合法的中缀表达式求值。为简单起见，假设表达式只包含+、–、×、÷四个双目运算符，且运算符本身不具有二义性，操作数均为一位整数。

【提示】 对中缀表达式求值，通常使用“算符优先算法”。为实现算法，可以使用两个工作栈：一个栈 operator 存放运算符；另一个栈 operand 存放操作数。中缀表达式可以用一个字符串数组存储。算法实现时依次读入表达式中的每个字符。若是操作数，则直接进入操作数栈 operand。若是运算符，则与运算符栈 operator 的栈顶运算符进行优先级比较，并做如下处理：

① 若栈顶运算符的优先级低于刚读入的运算符，则让刚读入的运算符进 operator 栈；

② 若栈顶运算符的优先级高于刚读入的运算符，则将栈顶运算符退栈，同时将操作数栈 operand 退栈两次，得到两个操作数与运算符并进行运算，将运算结果作为中间结果推入 operand 栈；

③ 若栈顶运算符的优先级与刚读入的运算符的优先级相同(说明左、右括号相遇)，则将栈顶运算符(左括号)退栈。

3. 背包问题。假设有一个背包可装总重量为 T 的物件。现有 n 个物件，其重量分别为 $w_1, w_2, \cdots, w_n$，问：能否从这 n 个物件中选取若干个物件放入背包，使它们的重量之和恰为 T？若能找到满足上述条件的一组解，则称此问题有解，否则称此问题无解。

【提示】 此题有两种解法，可用递归算法或非递归算法实现。

可以采用这样的选取方法：n 个物件中选取一个 w_i，剩下的重量为 $S = T - w_i$，判断 S 的值。若 $S = 0$，则已找到一种解，完成；若 $S < 0$，则此种解法造成问题无解，于是不选刚才的物件，重选未选取的物件，重新操作；若 $S > 0$，并且还有未选取的物件，则再选取下一个未选取的物件，并按前面的方法继续执行。

对于递归算法，若函数 bb(s, n)为背包问题的解法，则不包含物件 w_n 时，bb(s, n)的解是 bb(s, n–1)，即重量(指背包中余下的重量)不变，选取下一个物件；若选取物件中包含物件 w_n，则 bb(s, n)的解是 bb(s–wn, n–1)，即重量减少，再选取下一个物件。

对于非递归算法，需建一堆栈空间，从第一个物件起，选中的就进栈保存，未选中的就跳过，再选取下一个合适的物件进栈，直到使 S 为 0，并输出堆栈中的结果，否则输出无解。

4. 模拟服务台前的排队问题。某银行有一个客户办理业务站，在单位时间内随机地有客户到达，设每位客户的业务办理时间是某个范围内的随机值，且只有一个窗口、一位业务人员，要求编写程序，统计在设定时间内业务人员的总空闲时间和客户的平均等待时间。

【提示】 假定模拟数据已按客户到达的先后顺序依次存于某个正文数据文件中，对应每位客户有两个数据——到达时间和需要办理业务的时间。设数据存于数据文件 data.dat 中。程序按模拟环境中的事件出现顺序逐一处理事件：如果一个事件结束时下一个事件隔一段时间才发生，则程序逻辑的模拟时钟立即推进到下一事件的发生时间；如果一个事件还未结束之前另有其他事件处于等待处理状态，则这些事件应依次排队等候处理。

5. 操作系统作业调度模拟。

【提示】 假设有几个作业在运行。如果都需要请求 CPU，则可以让作业按先后顺序排队，每当 CPU 处理完一个作业后，就可以接受新的作业，这时队列中队头的作业先退出，然后进行处理，后来的作业排在队尾。此题算法跟模拟服务台前的排队问题相似，假定只有一个 CPU，但为了防止一个作业占用 CPU 太久，可规定每个作业一次最长占用 CPU 的时间(称之为时间片)，如果时间片到，作业未完成，则此作业重新进入等待队列，等到下次占有 CPU 时继续处理。

6. 迷宫问题。有一只无盖大箱，箱中设有隔壁，形成一些曲曲弯弯的通道，作为迷宫。箱子设有入口和出口。实验时，在出口处放一些奶酪之类的可以吸引老鼠的食物，然后将一只老鼠放到入口处，这样，老鼠受到美味的吸引便会向出口处走去。假定老鼠具有稳定的记忆力，能记住以前走过的失败路径。

【提示】 迷宫问题的求解过程可以采用回溯法，即在一定的约束条件下试探性地搜索前进，若前进中受阻，则及时回头纠正错误，另择通路继续搜索。从入口出发，按某一方向向前探索，若能走通(未走过的)，即某处可达，则到达一个新点，否则试探下一方向；若所有的方向均没有通路，则沿原路返回前一点，换下一个方向再继续试探，直到所有可能的通路都探索到，或找到一条通路，或无路可走又返回到入口点。

程序中可用二维数组来表示迷宫中各个点是否有通路。设迷宫为 m 行 n 列，利用 maze[m][n]来表示一个迷宫，maze[i][j] = 0 或 1，其中 0 表示通路，1 表示不通。当从某点向下试探时，中间点有 8 个方向可以试探，如实验图 3.2 所示。四个角点有 3 个方向，其他边缘点有 5 个方向。为使问题简单化，我们用 maze[m+2][n+2]来表示迷宫，而迷宫四周的值全部为 1。这样每个点的试探方向全部为 8，不用再判断当前点的试探方向有几个，同时与迷宫周围是墙壁这一实际问题也相一致。

入口(1, 1)

	0	1	2	3	4	5	6	7	8	9
0	1	1	1	1	1	1	1	1	1	1
1	1	0	1	1	1	0	1	1	1	1
2	1	1	0	1	0	1	1	1	1	1
3	1	0	1	0	0	0	0	0	1	1
4	1	0	1	1	1	0	1	1	1	1
5	1	1	0	0	1	1	0	0	0	1
6	1	0	1	1	0	0	1	1	0	1
7	1	1	1	1	1	1	1	1	1	1

出口(6, 8)

实验图 3.2　用 maze[m+2][n+2]表示迷宫

第四章　串、数组及其应用

4.1 实验目的

大多数高级语言中都提供了字符串变量并实现了串的基本操作，但在实际应用中，字符串往往具有不同的特点，要实现字符串的处理，就必须根据具体情况设计合适的存储结构。数组是一种基本的数据结构，科学计算中的矩阵在程序设计语言中是采用二维数组实现的。本章实验的主要目的是使学生熟悉串类型的实现方法和文本模式的匹配方法(这是灵活运用串的基础)，掌握数组的逻辑特性和存储特点，掌握矩阵的压缩存储方式，了解稀疏矩阵以三元组表和十字链表存储时进行运算的处理方法。

4.2 实验指导

串是一种特殊的线性表，它的数据元素仅由字符组成。因此，一般线性表和串的操作有很大的不同，存在“共性与个性”的辩证关系。串有定长顺序串、堆串、链串和块链串等。

数组与广义表可视为线性表的推广。从线性表、栈、队列、串、数组到广义表，知识不断地在延伸。每一种数据结构都有其特点，古人云：“古之学者非有大过人者，惟能博观约取，知宗而用妙耳”，希望读者朋友们，读书要广博而善于取其精要，不断积累。

本章的实验内容围绕不同存储结构下串的基本操作、模式匹配算法、稀疏矩阵的操作和矩阵的应用展开。

4.2.1　串的基本操作实现

【问题描述】

已知串 S 和 T，编写程序，实现建立串、求串长以及删除串等基本操作。要求以顺序串作为存储结构来实现。

【数据结构】

本设计用串的顺序存储结构实现。

【算法设计】

串是一种特殊的线性表，串中的数据元素只能是字符，串的存储结构有顺序存储结构、堆存储结构及块链存储结构。本程序采用顺序存储结构来实现串的基本操作。

程序中设计了以下五个函数。

① 函数 SStringCreate()：用于建立一个顺序串。

② 函数 SStringPrint()：用于输出串。

③ 函数 SStringIsEmpty()：用于判断顺序串是否为空。

④ 函数 SStringLength()：用于求串长。

⑤ 函数 SStringDelete()：用于删除子串。

主函数给出用户界面，可以根据不同操作进行选择。请读者考虑实现串复制、串比较、串连接的操作。

【程序实现】

```
#include <stdio.h>
typedef char DataType;
#define MAXNUM 20
#define ERROR 0
#define OK 1
#define FALSE 0
#define TRUE 1
typedef struct
{   DataType data[MAXNUM];
    int len;
}SString;
void SStringCreate(SString *s)
{   int i, j;
    char c;
    printf("请输入要建立的串的长度：");
    scanf("%d", &j);
    for (i=0; i<j; i++)
    {   printf("请输入串的第%d 个字符：", i+1);
        fflush(stdin);
        scanf("%c", &c);
        s->data[i]=c;
    }
    s->data[i]='\0';
    s->len=j;
}
void SStringPrint(Sstring *s)                /*输出串*/
{   int i;
    for(i=0; i<s->len; i++)
        printf("%c", s->data[i]);
```

```
    printf("\n");
}
int SStringIsEmpty(Sstring *s)   /*判断顺序串是否为空，若串 s 为空，则返回 1，否则返回 0*/
{   if(s->len==0)
        return TRUE;
    else
        return FALSE;
}
int SStringLength(SString *s)    /*求顺序串长度*/
{    return(s->len);
}
int SStringDelete(SString *s, int pos, int len)          /*求子串*/
{   int i;
    if(pos<0||pos>(s->len-len))                          /*删除参数不合法*/
        return ERROR;
    for(i=pos+len; i<s->len; i++)   /*从 pos+len 字符至串尾依次向前移动，实现删除 len 个字符*/
        s->data[i-len]=s->data[i];
    s->len=s->len-len;                                   /*s 串长减 len，修改串长*/
    return OK;
}
int main(int argc, char *argv[])
{   SString s;
    int choice, begin, end;
    printf("\t 请选择操作(1-5)：\n");
    printf("\t1、建立串\n");
    printf("\t2、输出串\n");
    printf("\t3、求串长度\n");
    printf("\t4、删除部分字符串\n");
    printf("\t5、退出\n");
    while(TRUE)
    {   printf("\t 请重新选择操作(1-5)：\n");
        scanf("%d", &choice);
        switch(choice)
        {   case 1:
                SStringCreate(&s);
                break;
            case 2:
                SStringPrint(&s);
                break;
```

```
            case 3:
                printf("串的长度是：");
                printf("%d\n", SStringLength(&s));
                break;
            case 4:
                printf("请输入删除字符串的起始位置：");
                scanf("%d", &begin);
                printf("请输入删除字符串的长度：");
                scanf("%d", &end);
                SStringDelete(&s, begin, end);
                printf("新串为：");
                SStringPrint(&s);
                break;
            case 5:return 0;
        }
    }
    return 0;
}
```

【运行与测试】

程序运行如下：

```
        请选择操作(1-5):
        1、建立串
        2、输出串
        3、求串长度
        4、删除部分字符串
        5、退出
        请重新选择操作(1-5):
1
请输入要建立的串的长度: 5
请输入串的第1个字符: h
请输入串的第2个字符: e
请输入串的第3个字符: l
请输入串的第4个字符: l
请输入串的第5个字符: o
```

```
        请重新选择操作(1-5):
2
hello
        请重新选择操作(1-5):
3
串的长度是: 5
        请重新选择操作(1-5):
4
请输入删除字符串的起始位置: 2
请输入删除字符串的长度: 3
新串为: he
        请重新选择操作(1-5):
5
```

思考：如何实现串的替换操作(即将串中的某个子串替换为另一个子串)以及串的连接操作(即将一个串连接到另一个串的末尾)？

4.2.2 KMP 算法的实现

【问题描述】

小林和小明在学校的图书馆里发现了一本书。这本书里藏着一个让人头疼的谜题，需要他们找到一个特殊的短句(子文本)在长长的篇章(主文本)中首次出现的位置。他们决定用 KMP 算法来解开这个谜题。要求：利用键盘输入两个字符串，一个设定为主串(代表篇章)，另一个设定为子串(代表短句)，对这两个字符串应用 KMP 算法，求出子串在主串中第一次出现的位置。

【数据结构】

本设计用串的顺序存储结构实现。

【算法设计】

程序中设计了以下两个函数。

① 函数 GetNext()：用于求模式串 t 的 next 函数值并存放在数组 next 中。

② 函数 IndexKmp()：用于实现模式匹配算法，即利用模式串 t 的 next 函数求 t 在主串 s 中第 pos 个字符之前的位置。

若子串中的每个字符依次和主串中的一个连续的字符序列相等，则称为匹配成功，反之称为匹配不成功。

当某个位置匹配不成功时，应从子串的下一个位置开始进行新的比较。将这个位置的值存放在 next 数组中，其中 next 数组中的元素满足条件 next[j] = k，表示当子串中的第 j+1 个字符匹配不成功时，应从子串的第 k+1 个字符开始进行新的匹配。如果已经得到了 next 数组，则可进行如下匹配：

(1) 将指针 i、j 分别指向主串 s 和模式串 t 中的比较字符，初值 i = pos，j = 1；

(2) 如果 $s_i = t_j$，则 ++i、++j 顺次比较后面的字符；

(3) 如果 $s_i \neq t_j$，则指针 i 不动，指针 j 退到 next[j]位置后再进行比较。

然后指针 i 和指针 j 所指向的字符按此种方法继续比较，直到 j = m−1，即在主串 s 中找到模式串 t 为止。

next 函数的编写是整个算法的核心。这里利用递推思想来设计 next 函数。

(1) 令 next[0] = −1(next[j] = −1 时，说明字符串匹配要从模式串的第 0 个字符开始，且第 0 个字符并不和主串的第 i 个字符相等，i 指针向前移动)。

(2) 假设 next[j] = k，说明 T[0~k−1] = T[j−k~j−1]。

(3) 现在求 next[j+1]。

① 当 T[j] = T[k]时，说明 T[0~k] = T[j−k~j]，这时分两种情况讨论：

a. 当 T[j+1]! = T[k+1]时，显然 next[j+1] = k+1；

b. 当 T[j+1] = T[k+1]时，说明 T[k+1]和 T[j+1]一样，都不和主串的字符相匹配，因此 m = k+1，j = next[m]，直到 T[m]! = T[j+1]，next[j+1] = m。

② 当 T[j]! = T[k]时，必须在 T[0~k−1]中找到 next[j+1]。这时 k = next[k]，直到 T[j] =

T[k]，next[j+1] = next[k]。这样就通过递推思想求得了匹配串 T 的 next 函数。

【程序实现】

```
#include <stdio.h>
#include <string.h>
#define MAXNUM 100
typedef char DataType;
typedef struct
{   DataType data[MAXNUM];
    int len;
}SString;
void GetNext(char *t, int *next, int tlength)          /*求模式串 t 的 next 函数值并存入数组 next*/
{   int i=1, j=0;
    next[1]=0;
    while(i<tlength)
    {   if(j==0||t[i]==t[j])            /*如果 j=0 或者当前字符匹配成功*/
        {   ++i;
            ++j;
            next[i]=j;                  /*更新 next 数组*/
        }
        else
            j=next[j];
    }
}
int IndexKmp(char *s, char *t, int pos, int tlength, int slength, int *next)
{   /*利用模式串 t 的 next 函数求 t 在主串 s 中第 pos 个字符之后的位置*/
    int i=pos, j=1;
    while(i<=slength&&j<=tlength)
    {   if(j==0||s[i]==t[j])    /*继续比较后继字符*/
        {   ++i;
            ++j;
        }
        else
            j=next[j];          /*模式串向后移动*/
    }
    if(j>tlength)               /*匹配成功，返回匹配起始位置*/
        return i-tlength;
    else
        return 0;
```

```
}
int main()
{   int locate, tlength, slength, next[256];
    char s[256], t[256];
    printf("请输入第一个串(主串)：");
    slength=strlen(gets(s+1));
    printf("请输入第二个串(子串)：");
    tlength=strlen(gets(t+1));
    GetNext(t, next, tlength);
    locate=IndexKmp(s, t, 0, tlength, slength, next);
    printf("匹配位置：%d\n", locate);
    return 0;
}
```

【运行与测试】

程序运行如下：

```
请输入第一个串(主串)：datastructure
请输入第二个串(子串)：structure
匹配位置：5
```

4.2.3 用三元组表实现稀疏矩阵的基本操作

【问题描述】

中国国家图书馆收藏了不少古籍，其中一本书的一页只有少数文字尚可辨析，这就像是一个稀疏矩阵，其中的非零元素寥寥无几。现在，为了更好地保护这本书并研究残缺页的内容，图书管理员使用三元组表来记录该页中非空白的内容及其位置。每个三元组包含三个部分：行(行号)、列(列号)和汉字文字(值)。为了对内容进行重新整理，他们想把书中的内容按照某种规律重新排列，比如按照列号重新整理文字内容。请使用三元组表来模拟实现稀疏矩阵的按列转置操作。

【数据结构】

本设计用三元组表实现。

【算法设计】

程序中设计了以下三个函数。

① 函数 InitSPNode()：用于建立一个稀疏矩阵的三元组表。

首先输入行数、列数和非零元的值，输入(−1　−1　*)结束输入。

② 函数 showMatrix()：用于输出稀疏矩阵。

算法中按矩阵 a 的列进行循环处理，对 a 的每一列扫描三元组，找出相应的元素，若找到，则交换行号与列号，并将其存储到矩阵 b 的三元组中。

③ 函数 TransposeSMatrix()：用于实现稀疏矩阵的转置算法。

算法主要的工作在 p 和 col 的两重循环中完成，时间复杂度为 $O(n \times t)$。如果非零元素个数 t 和 $m \times n$ 同数量级，则算法的时间复杂度变为 $O(m \times n^2)$。

注意：在 C 语言中，标准的 char 类型用于表示单个字节，这意味着它通常只能用于表示 ASCII 字符集中的字符。对于中文等需要多字节表示的字符，则使用其他方法来处理。由于这较为复杂，因此本实验使用字母来模拟中文字符。

【程序实现】

```
#include <stdio.h>
#include <string.h>
#define Ok 1
#define Maxsize 10                  /*用户自定义三元组最大长度*/
typedef struct                      /*定义三元组表*/
{   int i, j;
    int v;
}SPNode;
typedef struct                      /*定义三元组表*/
{   SPNode data[Maxsize];
    int m, n, t;                    /*矩阵行、列及三元组表长度*/
} SPMatrix;
void InitSPNode(SPMatrix *a)        /*输入三元组表*/
{     int i, j, k = 0;
      char val;
      a->m = 0; a->n = 0;           /*初始化矩阵的行数和列数*/
      printf("请输入三元组(行  列  值)，输入(-1 -1 *)结束输入：\n");
      while (1)
      {    scanf("%d", &i);
           if (i == -1) break;      /*检查是否是结束输入的行标志*/
           scanf("%d", &j);
           if (j == -1) break;      /*检查是否是结束输入的列标志*/
           scanf(" %c", &val);      /*注意在%c 前面加空格，以跳过前面可能的换行符*/
           if (val == '*') break;   /*检查是否是结束输入的值标志*/
           a->data[k].i = i;
           a->data[k].j = j;
           a->data[k].v = val;
           if (i >= a->m) a->m = i + 1;    /*更新矩阵的行数*/
           if (j >= a->n) a->n = j + 1;    /*更新矩阵的列数*/
           k++;
      }
     a->t = k;                             /*更新非零元素个数*/
}
```

```
void showMatrix(SPMatrix *a)            /*输出稀疏矩阵*/
{   int p, q, k = 0;
    for (p = 0; p < a->m; p++)
    {   for (q = 0; q < a->n; q++)
        {   if (k < a->t && a->data[k].i == p && a->data[k].j == q)
            {   printf(" %c ", a->data[k].v); k++;   }
            else
                printf(" - ");              /*占位符，表示此处无字符*/
        }
        printf("\n");
    }
}
void TransposeSMatrix(SPMatrix *a, SPMatrix *b)          /*稀疏矩阵转置*/
{   int col, p, q = 0;
    b->m = a->n;   b->n = a->m;   b->t = a->t;
    for (col = 0; col < a->n; col++)                    /*按 a 的列序转置*/
    {   for (p = 0; p < a->t; p++)                      /*扫描整个三元组表*/
        {   if (a->data[p].j == col)
            {   b->data[q].i = a->data[p].j;
                b->data[q].j = a->data[p].i;
                b->data[q].v = a->data[p].v;
                q++;
            }
        }
    }
}
int main(void)
{   SPMatrix a, b = {0};          /*初始化 b 矩阵*/
    InitSPNode(&a);
    printf("输入矩阵为：\n");
    showMatrix(&a);               /*转置前*/
    TransposeSMatrix(&a, &b);
    printf("转置后的矩阵为：\n");
    showMatrix(&b);               /*转置后*/
    return 0;
}
```

【运行与测试】

程序运行如下：

```
请输入三元组(行 列 值), 输入(-1 -1 *)结束输入:
0 4 w
0 6 Z
2 3 T
3 7 s
5 2 f
-1 -1 *
输入矩阵为:
 - - - - w - Z -
 - - - - - - - -
 - - - T - - - -
 - - - - - - - s
 - - - - - - - -
 - - f - - - - -
转置后的矩阵为:
 - - - - - -
 - - - - - -
 - - - - - f
 - - T - - -
 w - - - - -
 - - - - - -
 Z - - - - -
 - - - s - -
```

4.2.4　输出魔方阵

【问题描述】

魔方阵是一个古老的智力问题，它要求在一个 $m \times m$ 的矩阵中填入 $1 \sim m^2$ 的数字(m 为奇数)，使得每一行、每一列、每一条对角线的累加和都相等，如实验图 4.1 所示。编程实现魔方阵并输出。

6	1	8
7	5	3
2	9	4

(a) 三阶魔方图

15	8	1	24	17
16	14	7	5	23
22	20	13	6	4
3	21	19	12	10
9	2	25	18	11

(b) 五阶魔方图

实验图 4.1　魔方阵示意图

【数据结构】

本设计用二维数组实现。

【算法设计】

程序中设计了以下三个函数。

① 函数 MagicSquare()：用于生成一个魔方阵。

② 函数 MagicSquareInit()：用于完成二维数组的初始化，即将每个元素的值置为 0。

③ 函数 MagicSquarePrint()：用于实现魔方阵的输出。

解魔方阵问题的方法很多，这里采用如下规则生成魔方阵。

(1) 由 1 开始填数，将 1 放在第 0 行的中间位置。

(2) 将魔方阵想象成上下、左右相接，每次往左上角走一步，会出现下列情况：

① 左上角超出上方边界，则在最下边相对应的位置填入下一个数字；

② 左上角超出左边边界，则在最右边相对应的位置填入下一个数字；

③ 如果按上述方法找到的位置已填入数字，则在同一列下一行填入下一个数字。

以 3 × 3 魔方阵为例，说明其填数过程，如实验图 4.2 所示。

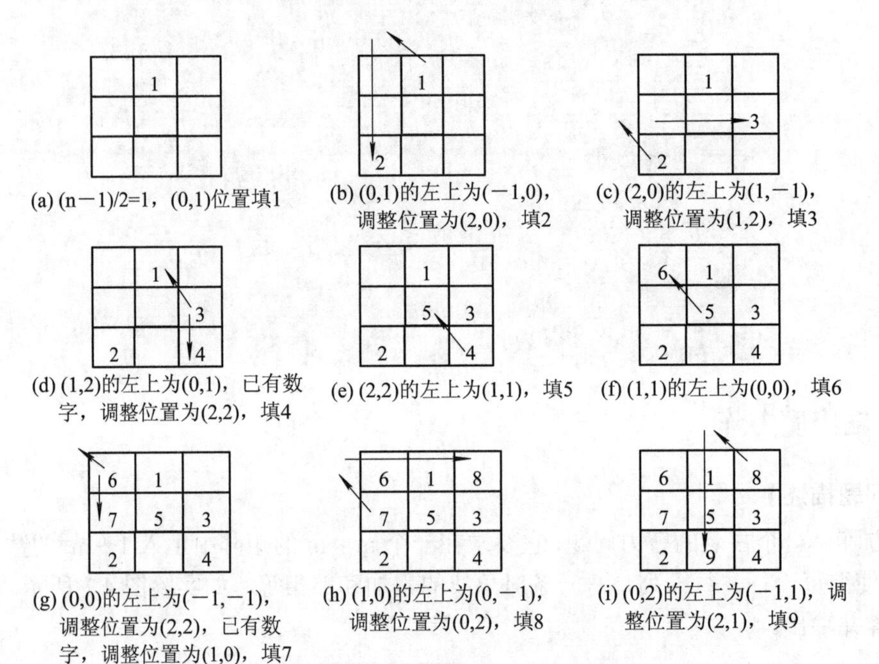

(a) (n−1)/2=1，(0,1)位置填1

(b) (0,1)的左上为(−1,0)，调整位置为(2,0)，填2

(c) (2,0)的左上为(1,−1)，调整位置为(1,2)，填3

(d) (1,2)的左上为(0,1)，已有数字，调整位置为(2,2)，填4

(e) (2,2)的左上为(1,1)，填5

(f) (1,1)的左上为(0,0)，填6

(g) (0,0)的左上为(−1,−1)，调整位置为(2,2)，已有数字，调整位置为(1,0)，填7

(h) (1,0)的左上为(0,−1)，调整位置为(0,2)，填8

(i) (0,2)的左上为(−1,1)，调整位置为(2,1)，填9

实验图 4.2　三阶魔方阵的填数过程

由上述填数过程可知，某一位置(x，y)的左上角位置是(x−1，y−1)。如果 x−1≥0，则不用调整，否则将其调整为 x−1+m；同理，如果 y−1≥0，则不用调整，否则将其调整为 y−1 + m。所以，位置(x，y)的左上角位置可以用求模的方法获得，即 x=(x−1+m)%m，y=(y−1+m)%m。

如果所求的位置已有数字，则将该数字填入同一列下一行的位置。这里需要注意，此时的 x 和 y 已经变成之前的上一行上一列了，如果想变回之前位置的下一行同一列，x 需要跨越两行，y 需要跨越一列，即 x=(x+2)%m，y=(y+1)%m。

【程序实现】

```
#include <stdio.h>
void MagicSquare(int a[20][20], int m)          /*生成魔方阵*/
{   int x, y, i;
    i=1;
    x=0;                                        /*设置起始位置为第一行中间列*/
    y=m/2;
    a[x][y]=i;                                  /*在起始位置添加 1*/
    for(i=2; i<=m*m; i++)
    {   x=(x-1+m)%m;                            /*求左上角位置的行号*/
```

```
        y=(y-1+m)%m;                    /*求左上角位置的列号*/
        if(a[x][y]>0)                   /*如果当前位置有数，则添入当前列的下一行*/
        {  /*此时的 x 和 y 已经变成之前的上一行上一列了*/
           /*如果想变回之前位置的下一列，x 需要跨越两行，y 需要跨越一列*/
           x=(x+2)%m;
           y=(y+1)%m;
        }
        a[x][y]=i;
    }
}
void MagicSquareInit(int a[20][20], int m)     /*将二维数组中的数组元素的值都设为 0*/
{  int i, j;
   for(i=0; i<m; i++)
       for(j=0; j<m; j++)
           a[i][j]=0;
}
void MagicSquarePrint(int a[20][20], int m)   /*输出魔方阵*/
{  int i, j;
   for(i=0; i<m; i++)
   {  for(j=0; j<m; j++)
          printf("%5d", a[i][j]);
      printf("\n");
   }
}
int main(int argc, char *argv[])
{  int ms[20][20];
   int t=1;
   int m;
   while(t)
   {  printf("\n 请输入要生成魔方阵的阶数 M(要求 0<M<20，并且 M 为奇数)!\n");
      scanf("%d", &m);
      if(m<=0||m>20)
          printf(" 魔方阵的阶数 M 应该大于 0 并且小于 20!\n");
      else if(m%2==0)
          printf(" 魔方阵的阶数 M 应该为奇数!\n");
      else
          t=0;
   }
   MagicSquareInit(ms, m);
   MagicSquare(ms, m);
```

```
    printf(" 输出魔方阵为：\n");
    MagicSquarePrint(ms, m);
    return 0;
}
```

【运行与测试】

程序运行如下：

```
请输入要生成魔方阵的阶数M(要求0<M<20, 并且M为奇数)!
7
输出魔方阵为:
  28  19  10   1  48  39  30
  29  27  18   9   7  47  38
  37  35  26  17   8   6  46
  45  36  34  25  16  14   5
   4  44  42  33  24  15  13
  12   3  43  41  32  23  21
  20  11   2  49  40  31  22
```

4.3 实　验　题

1. 文本串加密算法的实现。信息安全领域，文本加密和解密是保护信息免受未授权访问的重要技术。以下给出的加密解密算法示例采用了对称密钥方法，即使用同一个密钥进行加密和解密。这种方法的关键在于密钥的选择和加密解密逻辑的设计。试写一算法，将输入的文本串加密后输出；另写一算法，将输入的已加密的文本串解密后输出。

加密解密算法示例：用事先给定的字母映射表对一个文本串进行加密。设字母映射表为

Original	a	b	c	d	e	f	g	h	i	j	k	l	m	n	o	p	q	r	s	t	u	v	w	x	y	z
Cipher	j	g	w	q	k	c	o	b	m	u	h	e	l	t	p	s	a	z	x	y	f	i	v	r	d	n

则字符串“encrypt”被加密为“ktwzdsy”。

【提示】加密算法可以用两个串中字符的一一对应关系来实现，即当输入一个字符时，由算法在 Original 中查找其位置，然后用串 Cipher 中相应位置的字符去替换原来的字符。解密算法则恰恰相反。

2. 假设稀疏矩阵 A 的大小是 m × n，稀疏矩阵 B 的大小是 n × 1(一维向量)，A 和 B 均采用三元组表形式，编程实现 C = A × B，其结果 C 也采用三元组表形式输出。

【提示】 本题的关键是要确定 i 行 j 列的元素在三元组表中的位置。由于 B 是一个一维向量，在用三元组表进行矩阵相乘时并不方便，因此可以将 B 做转置存放后，一遍扫描 A 来实现矩阵相乘。

3. 如果矩阵 A 中存在的元素 A[i][j]既是第 i 行中值最小的元素，又是第 j 列中值最大的元素，则称 A[i][j]为矩阵 A 的一个鞍点。假设稀疏矩阵 A(大小是 m × n)已经用三元组表存放，编程实现求鞍点的算法，如果没有鞍点，也给出相应信息。

【提示】 如果 A 采用二维数组存放，本题的解法是很容易的，只需先求出每行的最小元素，放入 min[0..m-1]中，再求出每列的最大元素，放入 max[0..n-1]中，如果某元素 A[i][j]

既在 min[i]中又在 max[j]中，则 A[i][j]必是鞍点。

4. 文学研究助手。文学研究人员需要统计某篇英文小说中某些形容词的出现次数和位置。试写一个实现这一目标的文字统计系统，称为“文学研究助手”。

【提示】 英文小说存于一个文本文件中。待统计的词汇集合要一次输入完毕，即统计工作必须在程序的一次运行之后就全部完成。程序的输出结果是每个词的出现次数和出现位置所在行的行号。小说中的词汇一律不跨行。这样，每读入一行，就统计每个词在这一行中出现的次数。词汇出现位置所在行的行号可以用链表存储。若某词在某行中出现了不止一次，则不必存多个相同的行号。

5. 古诗字序之谜。相传在古代，有一位才华横溢的文人，他发明了一种能够将普通古诗重新编排成全新诗意的方法。请编写一个函数 is_poetic_shift(s1, s2)，通过“移字生句”的技艺，解开一对古诗句是否是由相同的字序通过旋转变换而成的谜题。要求：不添加、不减少任何一个字，仅通过“旋转”字序的方式，探究其中的奥妙。例如：如果 s1 是“青山不老”，s2 是“不老青山”，那么 is_poetic_shift(s1, s2)应当返回 True，因为“不老青山”完全可以通过“青山不老”的旋转得来；如果 s1 是“床前明月光”，s2 是“疑是地上霜”，那么 is_poetic_shift(s1, s2)应当返回 False，因为这两句虽然都出自《静夜思》，但字序不可能通过简单的移动来互相转换。

【提示】 考虑到 C 标准编译器不支持中文字符输入，此处可用拼音模拟。首先检查 s1 和 s2 的长度。如果 s1 和 s2 的长度不相等，则 s2 不可能通过旋转 s1 得到，因此直接返回 False。如果 s1 和 s2 的长度相等，则将 s1 与自身连接，形成新的字符串 s1s1。这一步是算法的关键，因为如果 s2 是 s1 通过旋转得到的，那么 s2 必定是 s1s1 的子串。最后检查 s2 是否为 s1s1 的子串。如果是，则返回 True；否则，返回 False。这种方法之所以有效，是因为将字符串 s1 与自己连接时，实际上创建了一个包含所有可能旋转版本的 s1 的超级字符串。例如，如果 s1 是“abc”，那么 s1s1 就是“abcabc”，这包含了“abc”“bca”和“cab”三种旋转可能性。

第五章　树、图及其应用

5.1 实验目的

树是以分支关系定义的层次结构。它不仅在现实生活中广泛存在(如社会组织机构)，而且在计算机领域也得到了广泛应用(如 Windows 操作系统中的文件管理、数据库系统中的树形结构等)。在图结构中，数据元素之间的关系是多对多的，不存在明显的线性或层次关系。图中每个数据元素可以和图中其他任意个数据元素相关。在计算机领域，如逻辑设计、人工智能、形式语言、操作系统、编译原理以及信息检索等，图都起着重要的作用。本章实验的目的是通过树、图的具体应用，培养学生使用这两种非线性数据结构解决实际问题的能力。

5.2 实验指导

树和图是两种非常重要的非线性数据结构，树中结点之间具有明确的层次关系，且结点之间有分支。图是一种复杂的、表达能力很强的数据结构，很多问题都可以用图来表示。

二叉树是一种重要的树形结构，其存储结构有顺序存储结构(适合存储完全二叉树)、二叉链表存储结构、三叉链表存储结构。二叉链表是核心，其遍历方式有先序遍历、中序遍历、后序遍历及层次遍历，应用有哈夫曼编码的设计。

树的存储方式有双亲表示法、孩子表示法、双亲孩子表示法、孩子-兄弟表示法。树的遍历方式有先序遍历、后序遍历。

图可采用邻接矩阵、邻接表形式存储，也可采用十字链表(有向图)和邻接多重表(无向图)形式存储。其遍历方式有深度优先遍历、广度优先遍历，应用有图的连通性问题、最小生成树、最短路径、拓扑排序、关键路径。

因为遍历操作是其他众多操作的基础，所以本章的实验内容集中在遍历操作以及树、图的实际应用上。

5.2.1　二叉树的基本运算实现

【问题描述】

二叉树采用二叉链表作存储结构，编程实现二叉树的如下基本操作：

(1) 按扩展的先序序列构造一棵二叉链表表示的二叉树 T；

(2) 对这棵二叉树进行递归算法的先序、中序、后序和非递归算法的先序、中序、后序以及层次遍历，分别输出结点的遍历序列；

(3) 求二叉树的深度。

【数据结构】

本设计用二叉树的二叉链表存储结构实现。

【算法设计】

程序中设计了以下九个函数。

① 函数 CreateBiTree()：利用“扩展先序遍历序列”建立二叉链表，用#表示子树为空。

② 函数 PreOrder()、InOrder(T)、PostOrder(T)：利用先序、中序和后序遍历的递归算法遍历输出二叉树。

③ 函数 NRPreOrder(T)、NRInOrder(T)、NRPostOrder(T)：利用先序、中序和后序遍历的非递归算法遍历输出二叉树。

④ 函数 LevelOrder()：通过层次遍历输出二叉树。程序中借助队列来实现层次遍历算法。

⑤ 函数 depth()：利用递归算法求二叉树的深度。

【程序实现】

```
#include <stdio.h>
#include <stdlib.h>
#define MAX 20
typedef  char TElemType;
typedef  int Status;
typedef struct BiTNode
{    TElemType data;
     struct BiTNode *lchild, *rchild;
}BiTNode, *BiTree;
void CreateBiTree(BiTree *T)                        /*利用扩展先序遍历序列创建二叉树*/
{    char ch;
     ch=getchar();
     if (ch=='#') (*T)=NULL;                        /*#代表空指针*/
     else
     {   (*T)=(BiTree) malloc(sizeof(BiTNode)) ;    /*申请结点*/
         (*T)->data=ch;                             /*生成根结点*/
         CreateBiTree(&(*T)->lchild) ;              /*构造左子树*/
         CreateBiTree(&(*T)->rchild) ;              /*构造右子树*/
     }
}
void PreOrder(BiTree T)                   /*先序输出二叉树*/
```

```
{   if (T)
    {  printf("%2c",T->data);          /*访问根结点，此处简化为输出根结点的数据值*/
       PreOrder(T->lchild);            /*先序遍历左子树*/
       PreOrder(T->rchild);            /*先序遍历右子树*/
    }
}
void InOrder(BiTree T)                 /*中序输出二叉树*/
{   if (T)
    {  InOrder(T->lchild);             /*中序遍历左子树*/
       printf("%2c",T->data);          /*访问根结点，此处简化为输出根结点的数据值*/
       InOrder(T->rchild);             /*中序遍历右子树*/
    }
}
void PostOrder(BiTree T)               /*后序输出二叉树*/
{   if (T)
    {  PostOrder(T->lchild);           /*后序遍历左子树*/
       PostOrder(T->rchild);           /*后序遍历右子树*/
       printf("%2c",T->data);          /*访问根结点，此处简化为输出根结点的数据值*/
    }
}
void LevelOrder(BiTree T)         /*层次遍历二叉树，从第一层开始，每层从左到右*/
{   BiTree Queue[MAX],b;          /*用一维数组表示队列，front和rear分别表示队首和队尾指针*/
    int front,rear;
    front=rear=0;
    if (T)                        /*若树非空*/
    {  Queue[rear++]=T;           /*根结点入队列*/
       while (front!=rear)        /*当队列非空*/
       {  b=Queue[front++];       /*队首元素出队列，并访问这个结点*/
          printf("%2c",b->data);
          if (b->lchild!=NULL) Queue[rear++]=b->lchild;        /*左子树非空，则入队列*/
          if (b->rchild!=NULL) Queue[rear++]=b->rchild;        /*右子树非空，则入队列*/
       }
    }
}
int depth(BiTree T)               /*求二叉树的深度*/
{  int dep1,dep2;
   if (T==NULL) return 0;
   else
   {  dep1=depth(T->lchild);
```

```
        dep2=depth(T->rchild);
        return dep1>dep2?dep1+1:dep2+1;       /*二叉树的深度*/
    }
}
void NRPreOrder(BiTree bt)                    /*非递归先序遍历二叉树*/
{   stacktype stack[MAXNODE];
    BiTree p;
    int top, sign;                            /*top 为栈顶元素的位置，初始化为-1*/
    if(bt==NULL) return;
    top=-1;                                   /*栈顶位置初始化*/
    p=bt;
    while(!(p==NULL&&top==-1))
    {   if(p!=NULL)                           /*结点第一次进栈*/
        {   top++;
            stack[top].link=p;
            stack[top].flag=1;                /*第一次入栈，visite(p->data)*/
            printf("%2c",p->data);            /*访问该结点数据域值*/
            p=p->lchild;                      /*找该结点的左孩子*/
        }
        else          /*孩子结点为空，出栈元素，得到空的孩子的父结点*/
        {   p=stack[top].link;
            sign=stack[top].flag;
            top--;
            if(sign==1)                       /*仅访问过左孩子，结点第二次进栈*/
            {   top++;
                stack[top].link=p;
                stack[top].flag=2;            /*标记第二次入栈，visite(p->data)*/
                p=p->rchild;
            }
            else                              /*访问完右孩子，也就是第二次出栈*/
              p=NULL;                         /*p 结点及后继子树已经访问完*/
        }
    }
}
void NRInOrder(BiTree bt)                     /*非递归中序遍历二叉树*/
{   stacktype stack[MAXNODE];
    BiTree p;
    int top, sign;                            /*top 为栈顶元素的位置，初始化为-1*/
    if(bt==NULL) return;
```

```
    top=-1;                              /*栈顶位置初始化*/
    p=bt;
    while(!(p==NULL&&top==-1))
    {   if(p!=NULL)                      /*结点第一次进栈*/
        {  top++;
           stack[top].link=p;
           stack[top].flag=1;            /*第一次入栈，visite(p->data)*/
           p=p->lchild;                  /*找该结点的左孩子*/
        }
        else                             /*孩子结点为空，出栈元素，得到空的孩子的父结点*/
        {  p=stack[top].link;
           sign=stack[top].flag;
           top--;
           if(sign==1)                   /*仅访问过左孩子，结点第二次进栈*/
           {  top++;
              stack[top].link=p;
              stack[top].flag=2;         /*标记第二次入栈*/
              printf("%2c",p->data);     /*第二次入栈时访问该结点数据域值*/
              p=p->rchild;
           }
           else                          /*访问完右孩子，也就是第二次出栈*/
           {   p=NULL;                   /*p 结点及后继子树已经访问完*/
           }
        }
    }
}
void NRPostOrder(BiTree bt)              /*非递归后序遍历二叉树*/
{  stacktype stack[MAXNODE];
   BiTree p;
   int top, sign;                        /*top 为栈顶元素的位置，初始化为-1*/
   if(bt==NULL) return;
   top=-1;                               /*栈顶位置初始化*/
   p=bt;
   while(!(p==NULL&&top==-1))
   {  if(p!=NULL)                        /*结点第一次进栈*/
      {  top++;
         stack[top].link=p;
         stack[top].flag=1;              /*第一次入栈，visite(p->data) */
         p=p->lchild;                    /*找该结点的左孩子*/
```

```
        }
        else                              /*孩子结点为空，出栈元素，得到空的孩子的父结点*/
        {   p=stack[top].link;
            sign=stack[top].flag;
            top--;
            if(sign==1)                   /*仅访问过左孩子，结点第二次进栈*/
            {   top++;
                stack[top].link=p;
                stack[top].flag=2;        /*标记第二次进栈*/
                p=p->rchild;
            }
            else      /*访问完右孩子，也就是第二次出栈，这时访问该结点数据域值，就是后序*/
            {   printf("%2c",p->data);    /*访问该结点数据域值*/
                p=NULL;                   /*p 结点及后继子树已经访问完*/
            }
          }
      }
}
int main()
{    BiTree T=NULL;
     printf("\n 创建一棵二叉树：\n");
     CreateBiTree(&T);       /*建立一棵二叉树 T*/
     printf("\n 先序遍历结果为：\n");
     PreOrder(T);            /*先序遍历二叉树*/
     printf("\n 中序遍历结果为：\n");
     InOrder(T);             /*中序遍历二叉树*/
     printf("\n 后序遍历结果为：\n");
     PostOrder(T);           /*后序遍历二叉树*/
     printf("\n 非递归先序遍历结果为：\n");
     NRPreOrder(T);          /*非递归先序遍历二叉树*/
     printf("\n 非递归中序遍历结果为：\n");
     NRInOrder(T);           /*非递归中序遍历二叉树*/
     printf("\n 非递归后序遍历结果为：\n");
     NRPostOrder(T);         /*非递归后序遍历二叉树*/
     printf("\n 层次遍历结果为：\n");
     LevelOrder(T);          /*层次遍历二叉树*/
     printf("\n 树的深度为：%d\n",depth(T));
}
```

【运行与测试】

程序运行如下：

```
创建一棵二叉树:
ABC##DE##F##G##

先序遍历结果为:
A B C D E F G
中序遍历结果为:
C B E D F A G
后序遍历结果为:
C E F D B G A
非递归先序遍历结果为:
A B C D E F G
非递归中序遍历结果为:
C B E D F A G
非递归后序遍历结果为:
C E F D B G A
层次遍历结果为:
A B G C D E F
树的深度为: 4
```

输入 ABC##DE##F##G##，创建的二叉树如实验图 5.1 所示。

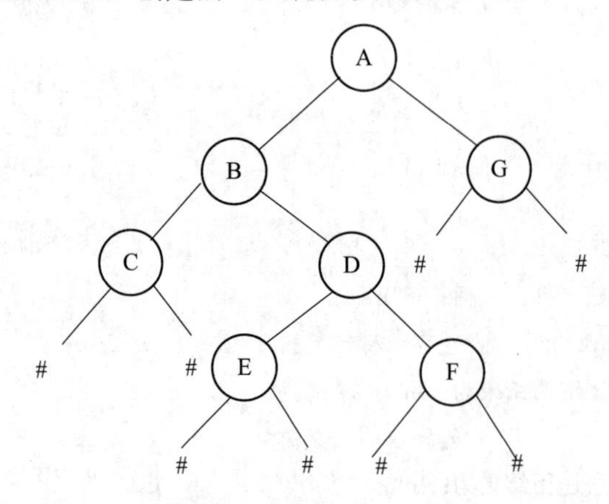

实验图 5.1　创建的一棵二叉树(1)

```
创建一棵二叉树:
ABC##DE##F#G###

先序遍历结果为:
A B C D E F G
中序遍历结果为:
C B E D F G A
后序遍历结果为:
C E G F D B A
非递归先序遍历结果为:
A B C D E F G
非递归中序遍历结果为:
C B E D F G A
非递归后序遍历结果为:
C E G F D B A
层次遍历结果为:
A B C D E F G
树的深度为: 5
```

输入 ABC##DE##F#G###，创建的二叉树如实验图 5.2 所示。

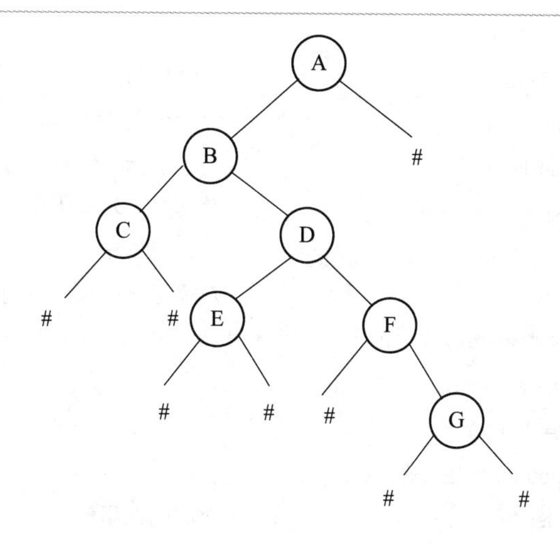

实验图 5.2　创建的一棵二叉树(2)

5.2.2　图遍历的演示

【问题描述】

采用邻接表形式存储图，进行图的深度优先遍历并输出结果。

【数据结构】

本设计用图的邻接表实现。

【算法设计】

程序中设计了以下三个函数。

① 函数 Dfs()：用于实现图的深度优先遍历。

② 函数 Create_graph()：用于建立图的邻接表存储结构。

③ 函数 Print_graph()：用于实现图的输出。

适合于无向/有向图的两种常用遍历方式是深度优先遍历(DFS)和广度优先遍历(BFS)。采用邻接表形式存储图，从顶点 v 出发进行图的深度优先遍历的递归算法的过程如下：

(1) 访问顶点 v。

(2) 找到 v 的第一个邻接点 w。

(3) 如果邻接点 w 存在且未被访问，则从 w 出发进行图的深度优先遍历，否则，结束。

(4) 找顶点 v 关于 w 的下一个邻接点，转(3)。

【程序实现】

```
#include <stdio.h>
#include <stdlib.h>
#define vertexnum 9                          /*定义顶点数*/
struct node
{   int vertex;                              /*邻接顶点数据*/
    struct node *next;                       /*下一个邻接顶点*/
```

```
};
typedef struct node *graph;                          /*定义图结构*/
struct node head[vertexnum];
int visited[vertexnum];                              /*用于标记结点是否已访问*/
void Dfs(int vertex)                                 /*深度优先遍历*/
{   graph pointer;
    visited[vertex]=1;                               /*标记此结点已访问*/
    printf("[%d]==>", vertex);
    pointer=head[vertex].next;
    while (pointer!=NULL)
    {   if (visited[pointer->vertex]==0)
            Dfs(pointer->vertex);                    /*递归调用*/
        pointer=pointer->next;                       /*下一个邻接点*/
    }
}
void Create_graph(int vertex1, int vertex2)          /*建立图的邻接表存储结构*/
{   graph pointer, new1;
    new1=(graph)malloc(sizeof(struct node));         /*配置内存*/
    if (new1!=NULL)                                  /*成功*/
    {   new1->vertex=vertex2;                        /*邻接点*/
        new1->next=NULL;
        pointer=&(head[vertex1]);                    /*设为顶点数组之首结点*/
        while (pointer->next!=NULL)                  /*找链表尾的插入结点位置*/
        pointer=pointer->next;                       /*下一个结点*/
        pointer->next=new1;                          /*串在链尾*/
    }
}
void Print_graph(struct node *head)                  /*输出邻接表数据*/
{   graph pointer;
    pointer=head->next;                              /*指针指向首结点*/
    while (pointer!=NULL)
    {   printf("[%d]", pointer->vertex);
        pointer=pointer->next;                       /*下一个结点*/
    }
    printf("\n");
}
int main()
{   int i;
    int node[20][2]={{1, 2}, {2, 1}, {1, 3}, {3, 1}, {2, 4}, {4, 2}, {2, 5}, {5, 2}, {3, 6}, {6, 3}, {3, 7},
```

```
                {7, 3}, {4, 8}, {8, 4}, {5, 8}, {8, 5}, {6, 8}, {8, 6}, {7, 8}, {8, 7}};
    for (i=0; i<vertexnum; i++)                     /*建立图G3的所有结点的第一个结点表*/
    {   head[i].vertex=i;
        head[i].next=NULL;
    }
    for (i=0; i<vertexnum; i++)                     /*设置所有结点均未访问*/
        visited[i]=0;
        for (i=0; i<20; i++)
        Create_graph(node[i][0], node[i][1]);       /*建立邻接表*/
        printf("\n 图的邻接表表示：\n");
    for (i=1; i<vertexnum; i++)
    {   printf(" vertex[%d]: ", i);
        Print_graph(&head[i]);
    }
    printf(" 深度优先遍历图为:\n");
    printf(" [开始]==> ");
    Dfs(1);     /*首先从结点1开始*/
    printf(" [结束] \n");
    return 0;
}
```

【运行与测试】

程序运行如下：

```
图的邻接表表示：
 vertex[1]: [2][3]
 vertex[2]: [1][4][5]
 vertex[3]: [1][6][7]
 vertex[4]: [2][8]
 vertex[5]: [2][8]
 vertex[6]: [3][8]
 vertex[7]: [3][8]
 vertex[8]: [4][5][6][7]
 深度优先遍历图为:
 [开始]==> [1]==>[2]==>[4]==>[8]==>[5]==>[6]==>[3]==>[7]==> [结束]
```

思考：在本实验算法程序基础上进行修改，给出判断一个图是否连通，如果不连通，有几个连通分量的算法程序。

5.2.3　电文的编码和译码

【问题描述】

从键盘接收一串电文字符，输出对应的Huffman(哈夫曼)编码，同时，能翻译由Huffman编码生成的代码串，输出对应的电文字符串。设计要求：

(1) 构造一棵Huffman树；

(2) 实现Huffman编码，并用Huffman编码生成的代码串进行译码；

(3) 程序中字符和权值是可变的，实现程序的灵活性。

【数据结构】

本设计使用结构体数组存储 Huffman 树。

【算法设计】

程序中设计了以下两个函数。

① 函数 HuffmanTree()：用于构造一个 Huffman 树。

② 函数 HuffmanCode()：用于生成 Huffman 编码并输出。

在电报通信中，电文是以二进制代码传送的。在发送时，需要将电文中的字符转换成二进制代码串，即编码；在接收时，要将收到的二进制代码串转换为对应的字符序列，即译码。由于字符集中的字符被使用的频率是非均匀的，在传送电文时，要想使电文总长尽可能短，就需要让使用频率高的字符编码长度尽可能短。因此，若对某字符集进行不等长编码的设计，则要求任意一个字符的编码都不是其他字符编码的前缀，这种编码称作前缀编码。由 Huffman 树求得的编码是最优前缀码，也叫 Huffman 编码。给出字符集和各个字符的概率分布，构造 Huffman 树，将 Huffman 树中每个分支结点的左分支标为 0，右分支标为 1，将根到每个叶子路径上的标号连起来，就是该叶子所代表字符的编码。

程序运行时，用户根据提示输入一些字符和字符的权值，程序输出哈夫曼编码；若用户输入电文，则程序输出哈夫曼译码。

1. 构造 Huffman 树的算法

要求输入不同字符，统计不同字符出现的次数，将其作为该字符的权值，并存于 data[] 数组中。假设有 n 种字符，则有 n 个叶子结点，构造的哈夫曼树有 2n−1 个结点。具体步骤如下：

(1) 将 n 个字符(叶子结点)和其权值存储在 HuffNode 数组的前 n 个数组元素中；将 2n−1 个结点的双亲和左右孩子均置为−1。

(2) 在所有结点中，选择双亲为 −1，并选择具有最小和次小权值的结点 m1 和 m2，用 x1 和 x2 指示这两个结点在数组中的位置，将根为 HuffNode[x1]和 HuffNode[x2]的两棵树合并，使其成为新结点 HuffNode[n+i]的左右孩子，其权值为 m1+m2。

(3) 重复上述过程，共进行 n−1 次合并就构造了一棵 Huffman 树。产生的 n−1 个结点依次放在数组 HuffNode[]的 n～2n−2 的单元中。

2. Huffman 编码和译码算法

(1) 从 Huffman 树的叶子结点 HuffNode[i](0≤i<n)出发，通过 HuffNode[c].parent 找到其双亲，通过 lchild 和 rchild 域可知 HuffNode[c]是左分支还是右分支，若是左分支，则 bit[n−1−i] = 0，否则 bit[n−1−i] = 1。

(2) 将 HuffNode[c]作为出发点，重复上述过程，直到找到树根位置，即进行了 Huffman 编码。

(3) 译码时首先输入二进制代码串，将其放在数组 code 中，以回车结束输入。

(4) 将代码与编码表进行比较，如果为 0，则转向左子树；如果为 1，则转向右子树，直到叶子结点结束。输出叶子结点的数据域，即所对应的字符。

【程序实现】

```
#include <stdio.h>
#include <conio.h>
#define MAXVALUE 10000          /*叶子结点权值的最大值，也就是明文中字符出现的次数*/
#define MAXLEAF 300             /*叶子结点的最大数，也就是明文中不同字符的最多个数*/
#define MAXNODE MAXLEAF*2-1     /*哈夫曼树中最多可容纳的结点数*/
#define MAXBIT 50               /*哈夫曼编码的最长位数，应小于 MAXLEAF*/
#define Messagelen 200          /*所能加密的明文最大长度，可根据情况重新设置*/
typedef struct node
{   char letter;                /*结点中存放的字符*/
    int weight;                 /*结点的权值*/
    int parent;                 /*当前结点的父结点在存放哈夫曼结点的数组中的下标*/
    int lchild;                 /*当前结点的左孩子结点在存放哈夫曼结点的数组中的下标*/
    int rchild;                 /*当前结点的右孩子结点在存放哈夫曼结点的数组中的下标*/
}HNodeType;                     /*哈夫曼树中结点的结构*/
typedef struct
{   char letter;                /*编码对应的字符*/
    int bit[MAXBIT];            /*存放编码的数组*/
    int start;                  /*编码信息在编码数组中存放的起点下标的前一个位置*/
}HCodeType;                     /*编码的信息结构*/
typedef struct
{   char s;                     /*明文对应的字符*/
    int num;                    /*明文对应的字符在全部明文中出现的次数*/
}Message;                       /*用来加密的明文的结构*/
/*哈夫曼树的构造，HuffNode[]用于存放构建后的哈夫曼树的结点，n 是明文中所有字符的种类
数，Message a[]用于存放处理过的明文，明文是根据出现的先后次序对应的字符和字符出现的
总次数*/
void HuffmanTree(HNodeType HuffNode[], int n, Message a[])
{   int i, j, m1, m2, x1, x2, temp1;
    char temp2;
    for(i=0; i<2*n-1; i++)          /*HuffNod[]初始化*/
    {   HuffNode[i].letter=NULL;
        HuffNode[i].weight=0;
        HuffNode[i].parent=-1;
        HuffNode[i].lchild=-1;
        HuffNode[i].rchild=-1;
    }
    for(i=0; i<n-1; i++)        /*根据字符出现的次数，由多到少地排序，为构建哈夫曼树做准备*/
    for(j=0; j<n-1-i; j++)      /*对结点权值进行排序，需要稳定的算法，这里采用冒泡排序*/
```

```
            if(a[j].num<a[j+1].num)
            {   temp1=a[j+1].num; a[j+1].num=a[j].num; a[j].num=temp1;
                temp2=a[j+1].s; a[j+1].s=a[j].s; a[j].s=temp2;
            }
    for(i=0; i<n; i++)   /*根据明文字符的出现次数，由多到少地初始化哈夫曼树的叶子结点*/
    {   HuffNode[i].weight=a[i].num;
        HuffNode[i].letter=a[i].s;
    }
    for(i=0; i<n-1; i++)              /*构造哈夫曼树，合并 n-1 次结点*/
    {   m1=m2=MAXVALUE;               /*选出的两个结点的权值先假定为最大权值*/
        x1=x2=0;                      /*目前未挑选出的出现最小权值和次小权值结点对应的下标*/
        for(j=0; j<n+i; j++)          /*找出两棵权值最小的子树*/
        {   if(HuffNode[j].parent==-1&&HuffNode[j].weight<m1)
            {   m2=m1; x2=x1;
                m1=HuffNode[j].weight; x1=j;
            }
            else if(HuffNode[j].parent==-1&&HuffNode[j].weight<m2)
            {   m2=HuffNode[j].weight;
                x2=j;
            }
        }
        /*将找出的两棵子树合并为一棵子树*/
        HuffNode[x1].parent=n+i; HuffNode[x2].parent=n+i;
        HuffNode[n+i].weight=HuffNode[x1].weight+HuffNode[x2].weight;
        HuffNode[n+i].lchild=x1; HuffNode[n+i].rchild=x2;
    }
}
/*生成哈夫曼编码*/
void HuffmanCode(int n, Message a[])
{   HNodeType HuffNode[MAXNODE];          /*存放哈夫曼树结点的数组*/
    HCodeType HuffCode[MAXLEAF], cd;      /*HuffCode 是哈夫曼编码数组，cd 是编码类型的临
                                            时变量*/
    int i, j, c, p;           /*c 代表当前要处理的叶子结点的下标编号，p 代表 c 结点的父结点编号*/
    char code[MAXLEAF], *m;    /*code 用于存放需要解密的电文，m 是指向数组 code 的指针*/
    HuffmanTree(HuffNode, n, a);              /*建立哈夫曼树*/
    for(i=0; i<n; i++)                        /*求每个叶子结点的哈夫曼编码*/
    {   cd.start=n-1;                         /*初始化编码的存放位置*/
        c=i;                                  /*依次取每个叶子结点的编号*/
        p=HuffNode[c].parent;                 /*p 代表 c 结点的父结点编号*/
```

```
        while(p!=-1)                    /*由叶子结点向上直到树根，进行编码*/
        {  if(HuffNode[p].lchild==c)
                cd.bit[cd.start]=0;
           else
                cd.bit[cd.start]=1;
           cd.start--;
           c=p;                         /*c 变为当前 c 的父结点，向根结点移动*/
           p=HuffNode[c].parent;
        }
        for(j=cd.start+1; j<n; j++)  /*保存求出的每个叶子结点的哈夫曼编码和编码的起始位*/
        HuffCode[i].bit[j]=cd.bit[j];
        HuffCode[i].start=cd.start;
    }
    printf(" 输出每个叶子的哈夫曼编码：\n");
    for(i=0; i<n; i++)              /*输出每个叶子结点的哈夫曼编码*/
    {  HuffCode[i].letter=HuffNode[i].letter;
       printf(" %c:", HuffCode[i].letter);
       for(j=HuffCode[i].start+1; j<n; j++)
       printf(" %d", HuffCode[i].bit[j]);
       printf("\n");
    }
    printf(" 请输入要解密的电文(1/0):\n");
    for(i=0; i<Messagelen; i++) code[i]=NULL;      /*初始化存放电文的数组*/
    gets(code);     m=code;
    c=2*n-2;
    printf(" 输出解密后的哈夫曼译码:\n");
    while(*m!=NULL)                                  /*对电文逐字符解密*/
    {  if(*m=='0')                                   /*字符为 0，向左子树解密*/
       {  c=i=HuffNode[c].lchild;                    /*c 变为当前结点的左孩子结点编号*/
          if(HuffNode[c].lchild==-1&&HuffNode[c].rchild==-1)     /*c 成为叶子结点*/
          {  printf("%c", HuffNode[i].letter);       /*输出叶子结点对应的字符*/
             c=2*n-2;                                /*c 再次变成根结点下标编号*/
          }
       }
       if(*m=='1')                                   /*字符为 1，向左子树解密*/
       {  c=i=HuffNode[c].rchild;
          if(HuffNode[c].lchild==-1&&HuffNode[c].rchild==-1)
          {  printf("%c", HuffNode[i].letter);
             c=2*n-2;                                /*c 是哈夫曼树根结点的下标*/
```

```
            }
        }
        m++;                            /*继续解密下一个字符*/
    }
    printf("\n");
}
main()
{   Message data[MAXLEAF];      /*data 为存放处理后明文的数组，包含每个字符出现的次数*/
    char s[Messagelen], *p;     /*s 为存放的样本明文，样本明文是构建哈夫曼编码的依据*/
    int i, count=0;             /*count 代表明文中字符的种类数*/
    printf("\n 请输入一些字符:");
    gets(s);                    /*可输入带空格的明文*/
    for(i=0; i<MAXLEAF; i++)    /*初始化 data 数组*/
    {   data[i].s=NULL;
        data[i].num=0;
    }
    p=s;
    while(*p)                   /*统计各个字符出现的总次数*/
    {   for(i=0; i<=count; i++)
        {   if(data[i].s==NULL)
            {   data[i].s=*p; data[i].num++; count++; break;   }
            else
                if(data[i].s==*p)
                {   data[i].num++; break;   }
        }
        p++;
    }
    printf("\n");
    printf(" 不同的字符数:%d\n", count);
    for(i=0; i<count; i++)
    {   printf(" %c ", data[i].s);
        printf(" 权值:%d", data[i].num);
        printf("\n");
    }
    HuffmanCode(count, data);
    getch();                    /*停顿，等待交互*/
}
```

【运行与测试】

程序运行如下：

```
请输入一些字符:abbcdd

不同的字符数:4
a  权值:1
b  权值:2
c  权值:1
d  权值:2
输出每个叶子的哈夫曼编码:
b: 1 0
d: 1 1
a: 0 0
c: 0 1
请输入要解密的电文(1/0):
0100010111
输出解密后的哈夫曼译码:
caccd
```

5.2.4　图的拓扑排序

【问题描述】

建立图的邻接表表示，实现图的拓扑排序。

【数据结构】

本设计用图的邻接表实现。

【算法设计】

程序中设计了以下十一个函数。

① 函数 Graph_locate()：用于求图中的顶点位置。

② 函数 Graph_add_arc()：用于添加弧。

③ 函数 Graph_create()：用于创建图的邻接表存储结构。

④ 函数 Graph_print()：用于输出图中的弧。

⑤ 函数 Graph_init()：用于初始化一个图。

⑥ 函数 Graph_free()：用于销毁图，并释放空间。

⑦ 函数 Stack_init()、Stack_push()、Stack_pop()、Stack_is_empty()：用于定义一个栈及进行栈的相关操作。拓扑排序需要借助栈来实现。

⑧ 函数 Topo_sort()：用于实现拓扑排序算法。

根据程序中定义的图的邻接表存储结构，给出弧结点结构和顶点结点结构，如实验图 5.3 所示。程序中设置了一个数组 indeg，用来存放每个顶点的入度。为了避免重复检测入度为 0 的顶点，程序设置了一个辅助栈。若某一顶点的入度减为 0，则将它入栈。每当输出某一入度为 0 的顶点时，便将它从栈中删除。拓扑排序算法的步骤如下：

(1) 查找图 g 中无前驱的顶点并将其入栈；

(2) 如果栈不空，则从栈中退出栈顶元素，并把该顶点引出的所有有向边删去，即把它的各个邻接顶点的入度减 1；

(3) 将入度为 0 的顶点入栈；

(4) 重复步骤(2)和(3)，直到栈为空为止，此时，或者已经输出全部顶点，或者剩下的顶点中没有入度为 0 的顶点。

程序中的栈用来保存当前入度为 0 的顶点，并使处理有序。

该算法的时间复杂度为 O(n + e)，n、e 分别为图的顶点数和弧数。

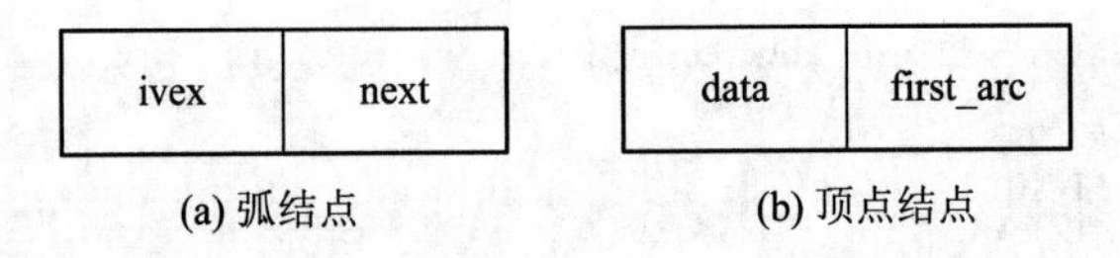

(a) 弧结点　　(b) 顶点结点

实验图 5.3　图的邻接表弧结点和顶点结点结构

【程序实现】

```
#include <stdio.h>
#include <stdlib.h>
#include <string.h>
#define MAX_VEXS 100
#define MAX_QUEUE 1000
typedef struct Arc                    /*弧结点*/
{   int ivex;                         /*顶点在数组 vexs 中的位置*/
    struct Arc *next;
}ArcType;
typedef struct Vnode                  /*顶点结点描述*/
{   int data;
    ArcType *first_arc;
}VertexType;
typedef struct Graph                  /*图的定义*/
{   VertexType vexs[MAX_VEXS];
    int vexnum, arcnum;               /*图中顶点数和弧数*/
}GraphType;
int Graph_locate(GraphType *g, int val)        /*求顶点位置*/
{   int i;
    for(i=0; i<g->vexnum; i++)
    {   if(g->vexs[i].data==val) return i;      /*找到与 val 值匹配的顶点位置并返回*/
    }
    return -1;
}
void Graph_add_arc(GraphType *g, int x, int y)
{   struct Arc *new_arc = (ArcType *)malloc(sizeof(ArcType));
    struct Arc *ptr = NULL;
    if(!new_arc) return ;
    new_arc->ivex=y;
    new_arc->next=NULL;
    if(!g->vexs[x].first_arc)              /*找到顶点 vexs[x]链表的尾，插入弧*/
       g->vexs[x].first_arc = new_arc;    /*直接将新弧结点作为顶点 x 的第一个弧结点*/
    else
    {   ptr = g->vexs[x].first_arc;
```

```
            while(ptr->next!=NULL)
            ptr = ptr->next;
            ptr->next = new_arc;              /*将新弧结点插入链表尾部*/
        }
    }
    void Graph_create(GraphType *g)
    {   int i;
        int x, y;
        printf("\n 输入图中的顶点数:");
        scanf("%d", &g->vexnum);              /*输入图中顶点数 n*/
        printf(" 请输入顶点(整型):");
        for(i=0; i<g->vexnum; i++)
        {   scanf("%d", &g->vexs[i].data);
            g->vexs[i].first_arc = NULL;      /*顶点的第一个弧指针初始化为空*/
        }
        printf(" 请输入弧数 m:");              /*输入图中 m 条边*/
        scanf(" %d", &g->arcnum);
        printf(" 请输入弧(格式：x y):\n", i);
        for(i=0; i<g->arcnum; i++)
        {   scanf(" %d %d", &x, &y);
            x = Graph_locate(g, x);
            y = Graph_locate(g, y);           /*查找目标顶点 y 在图中的位置*/
            if(x==-1 || y==-1)
            {    printf(" 弧输入错误(%d).\n", i);
                 i--;
            }
            Graph_add_arc(g, x, y);           /*从顶点 x 到顶点 y 的一条弧*/
        }
    }
    void Graph_print(GraphType *g)
    {   int i;
        ArcType *ptr;
        for(i=0; i<g->vexnum; i++)
        {   ptr = g->vexs[i].first_arc;       /*指针 ptr 指向顶点 i 的第一个弧结点*/
            while(ptr)
            {   printf("%d->%d\n", g->vexs[i].data, g->vexs[ptr->ivex].data);
                ptr = ptr->next;
            }
        }
```

```
}
void Graph_init(GraphType *g)                /*初始化一个图*/
{   int i;
    for(i=0; i<MAX_VEXS; i++)
        g->vexs[i].first_arc = NULL;
    g->vexnum = 0;
    g->arcnum = 0;
}
void Graph_free(GraphType *g)
{   int i;
    ArcType *ptr;
    ArcType *free_node;
    g->vexnum = 0;
    g->arcnum = 0;
    for(i=0; i<MAX_VEXS; i++)
    {   ptr = g->vexs[i].first_arc;
        while(ptr!=NULL)
        {   free_node = ptr;                 /*保存当前弧结点的地址*/
            ptr = ptr->next;
            free(free_node);
        }
    }
}
#define MAX_STACK 100
struct Stack
{   int top;
    int data[MAX_STACK];
};
void Stack_init(struct Stack *stk)
{   stk->top = 0;   }
int Stack_push(struct Stack *stk, int v)
{   if(stk->top>=MAX_STACK)   return -1;
    else
    {   stk->data[stk->top++] = v;
        return 0;
    }
}
int Stack_pop(struct Stack *stk, int *v)
{   if(stk->top==0)   return -1;
    else
```

```
    {   *v = stk->data[--stk->top];
        return 0;
    }
}
int Stack_is_empty(struct Stack *stk)
{   return stk->top==0;   }
void Topo_sort(GraphType *g)
{   int *indeg = (int *)malloc(sizeof(int)*g->vexnum);   /*计算所有顶点的入度数*/
    int i;
    int cnt = 0;
    struct Arc *ptr = NULL;
    struct Stack *stk = (struct Stack *)(malloc(sizeof(struct Stack)));   /*度为 0 的顶点入栈 S*/
    for(i=0; i<g->vexnum; i++)
        indeg[i] = 0;            /*所有顶点的入度初始化为 0*/
    for(i=0; i<g->vexnum; i++)
    {   ptr = g->vexs[i].first_arc;
        while(ptr!=NULL)
        {   indeg[ptr->ivex]++;
            ptr = ptr->next;
        }
    }
    Stack_init(stk);
    for(i=0; i<g->vexnum; i++)
    {   if(indeg[i]==0)
        {   if(-1==Stack_push(stk, i))
            {   printf("入栈失败...\n");
                break;
            }
        }
    }
    printf(" 拓扑排序序列为：\n");
    while(!Stack_is_empty(stk))
    {   int tmp;
        if(-1==Stack_pop(stk, &tmp))
        {   printf(" 出栈失败...\n");
            break;
        }
        else
        {   printf(" %d\n", g->vexs[tmp].data);        /*输出一个顶点*/
            cnt++;
```

```
            ptr=g->vexs[tmp].first_arc;          /*取 tmp 的第一个邻接点*/
            while(ptr!=NULL)
            {   if(--indeg[ptr->ivex]==0)   Stack_push(stk, ptr->ivex);
                ptr=ptr->next;
            }
        }
    }
    free(stk);
    free(indeg);
    if(cnt<g->vexnum)              /*如果输出顶点数小于图的顶点数，则图带环*/
    printf(" 这个图带环!!!\n");
}
int main()
{   GraphType g;
    Graph_init(&g);
    Graph_create(&g);
    Topo_sort(&g);
    Graph_free(&g);
    return 0;
}
```

【运行与测试】

程序运行如下：

```
输入图中的顶点数:7
请输入顶点(整型):1 2 3 4 5 6 7
请输入弧数m:8
请输入弧(格式: x y):
1 3  1 4  2 4  2 5  3 6  3 7  4 7  5 7
拓扑排序序列为:
2
5
1
4
3
7
6
```

5.3 实 验 题

1. 编写程序，实现下述功能，并上机调试通过。

(1) 按后序顺序建立一棵二叉树；

(2) 用非递归方式(先序、中序或后序)遍历二叉树，输出遍历序列。

【提示】 参考 5.2.1 节程序，采用二叉链表作为存储结构，建立二叉树，借助栈结构实现二叉树遍历的非递归算法。

2. 家谱(或称族谱)是一种以表谱形式记载一个以血缘关系为主体的家族世系繁衍和重要人物事迹的特殊图书载体。本实验对家谱管理进行简单的模拟，以实现查看祖先和子孙个人信息、插入家族成员、删除家族成员等功能。

【提示】 本实验的实质是实现对家谱成员信息的建立、查找、插入、修改、删除等功能。可以首先定义家族成员的数据结构，然后将每个功能写成一个函数来完成对数据的操作，最后完成主函数，验证各个函数功能并得出运行结果。

因为家族中的成员之间存在一个对多个的层次结构关系，所以用树形结构来表示家谱。可以用二叉链表作为树的存储结构，链表中的两个链域分别指向该结点的第一个孩子结点和下一个兄弟结点。该表示法又称为二叉树表示法，或孩子-兄弟表示法。其存储形式可以定义如下：

```
typedef struct CSLinklist
{   Elemtype data;
    struct CSLinklist *firstchild, *nextsibling;
} CSLinklist, *CSTree;
```

3. 采用邻接矩阵形式存储图，进行图的深度优先遍历并输出结果。

【提示】 参考 5.2.2 节程序，将邻接表换成邻接矩阵来存储图，完成图的深度优先遍历算法。

4. 在图 G 中找到一条包含所有顶点的简单路径，该路径称为哈密顿路径。设计算法判断图 G 是否存在哈密顿路径，如果存在，则输出一条哈密顿路径。

【提示】 寻找哈密顿路径的过程是一个深度优先遍历的过程。在遍历过程中，如果有回溯，则说明遍历经过的路线中存在重复访问的顶点，所以，可以修改深度优先遍历算法，使其在遍历过程中取消回溯。

5. 设计校园导游图。用有向网表示你所在学校的校园景点平面图，图中顶点表示主要景点，存放景点的编号、名称、简介等信息，图中的边表示景点间的道路，存放路径长度等信息。要求实现以下功能：

(1) 查询各景点的相关信息；

(2) 查询图中任意两个景点间的最短路径；

(3) 查询图中任意两个景点间的所有路径。

【提示】 可以先建立有向网，采用邻接矩阵作为有向网的存储结构。求出有向网中给定顶点对之间的最短路径。最短路径可以采用迪杰斯特拉算法实现。将结果保存到最短路径数组中，找到路径上的各个顶点及顶点间的距离并输出。利用迪杰斯特拉算法求解给定顶点对之间的最短路径的过程中，首先要对求解到的顶点集 U 和待求解的顶点集 V-U 及最短路径结构数组进行初始化，然后在 V-U 顶点集中找到最短路径的顶点 u，将其并入顶点集 U 中，并从顶点集 V-U 中删除 u，再依据 u 的最短路径依次调整顶点集 V-U 中每个顶点的当前最短路径值，直到 V=U 为止。

思考：在迪杰斯特拉算法基础上，求某两个顶点经过给定第三个顶点的最短路径。

第六章　查找、排序及其应用

6.1 实验目的

在非数值运算问题中，数据存储量一般很大，为了在大量信息中找到某些值，要用到查找技术，而为了提高查找效率，需要对一些数据进行排序。因此，排序与查找是重要的基本技术。已有的查找、排序算法有很多，其各有所长，我们应根据不同的应用场景选择合适的算法。

本章实验的目的是使学生掌握各种查找与排序算法。

6.2 实验指导

查找是对查找表进行的操作，而查找表是一种非常灵活、方便的数据结构，其数据元素之间仅存在“同属于一个集合”的关系。查找表可分为三类：静态查找表、动态查找表及哈希表。静态查找表中的查找有顺序查找、折半查找、索引顺序查找。动态查找表中的查找重点是二叉排序树的查找。哈希表中的查找是哈希查找。排序是计算机程序设计中的一种重要操作，目的是提高查找效率。排序方法有多种，如简单选择排序、直接插入排序、冒泡排序、希尔排序、堆排序、快速排序等。

本章的实验内容围绕不同的查找和排序算法展开。通过实验，学生能够深刻理解不同查找和排序算法的特点。

6.2.1　静态查找表

【问题描述】

设计一个有关静态查找表的建立、查找等基本操作的演示程序，并在程序中计算查找过程中与关键字的比较次数。这里以顺序查找方法为例进行程序设计，折半查找方法和索引顺序查找方法的实现请读者自行完成。

【数据结构】

本设计用顺序表实现。

【算法描述】

静态查找表可以有不同的表示方法，在不同的表示方法中，实现查找操作的方法也不同。静态查找表可以用顺序表或线性链表来表示，也可将其组织成有序的顺序表，或者是索引顺序表，相应的查找方法可以是顺序查找方法、折半查找方法和索引顺序查找方法。

静态查找表包含两部分：一部分是用于存储查找表中的数据元素的一维数组 elem；一部分是用于记录表中数据元素个数的整型变量 length。

程序中设计了以下两个函数。

① 函数 Create()：用于建立一个静态查找表 ST。注意：elem 的 0 号单元不用。

② 函数 Search()：用于按照给定的值在表中进行查找，若找到，则返回数据元素在表中的位置，否则返回 0。

Search()函数设计技巧：ST. elem[1]～ST. elem [length]中存储 length 个记录，将给定的关键字存放在 ST. elem [0]中，即 ST. elem [0].key = key，ST. elem [0]作为哨兵，称为监视哨，可以起到防止越界的作用。查找过程可以描述为：从表的尾部开始查找，逐个对记录的关键字和给定值进行比较，若某个记录的关键字和给定值比较相等，则查找成功；反之，一定会在最终的 ST. elem[0]中查找到，此时说明查找失败。显然，查找成功则返回记录在表中的位置，查找失败则返回 0。主函数中调用 Create()函数建立查找表，输入待查找的关键字，调用 Search()函数进行查找。

【程序实现】

```
#include <stdio.h>
#include <stdlib.h>
#include <conio.h>
typedef int KeyType;          /*假设关键字为整型数据*/
typedef struct
{   KeyType key;
    ......                    /*元素类型(其他数据项略，读者可根据实际情况加入)*/
} ElemType;
typedef   struct
{   ElemType *elem;
     int length;
} SSTable;
int Create(SSTable *ST)
{   int i, n;
    printf("\n  请输入表长:");
    scanf("%d", &n);
    ST->elem=(ElemType *)malloc((n+1)*sizeof(ElemType));
    if (!ST->elem) return 0;
    printf("  请输入  %d  个数据:", n);
    for (i=1; i<=n; i++) scanf("%d", &(ST->elem[i].key));
    ST->length=n;
```

```
    return 1;
}
/*在顺序表中查找关键字等于 key 的数据元素，若找到，则函数值为该元素在表中的位置，
  否则为 0，指针变量 time 记录所需和关键字进行比较的次数*/
int Search(SSTable ST, KeyType key, int *time)
{   int i;
    ST.elem[0].key=key;
    *time=1;
    for (i=ST.length; ST.elem[i].key!=key; i--, ++*time);
    return i;
}
void main()
{   SSTable ST;
    KeyType key;
    int i, time;
    char ch;
    if (Create(&ST))
    {  printf(" 创建成功");     /*创建成功*/
       /*可重复查询*/
       do {
           printf(" 输入你想要查找的关键字:");
           scanf("%d", &key);
           i=Search(ST, key, &time);
           if (i!=0)      /*查找成功，输出所在位置及 key 与元素关键字的比较次数*/
           {  printf(" 查找成功，位置为 %d ", i);
              printf("\n 与关键字的比较次数为 %d", time);
           }
           else    /*查找失败，输出 key 与元素关键字的比较次数*/
           {  printf(" 查找失败！");
              printf("\n 与关键字的比较次数为 %d", time);
           }
           printf("\n 继续吗(y/n):\n");
           /*是否继续，y 或 Y 表示继续查询，其他表示退出查询*/
           ch=getch();
       }while (ch=='y' || ch=='Y') ;
    }
    else      /*表 ST 建立失败，输出内存溢出的信息*/
       printf("\n 溢出");
}
```

【运行与测试】

程序运行如下：

```
请输入表长:10
请输入 10 个数据:2 1 9 8 10 21 90 43 11 32
创建成功 输入你想要查找的关键字:90
查找成功, 位置为 7
与关键字的比较次数为 4
继续吗(y/n):
输入你想要查找的关键字:7
查找失败!
与关键字的比较次数为 11
继续吗(y/n):
```

设顺序查找表的长度为n，查找失败的比较次数为n+1，则在等概率情况下，查找成功时的平均查找长度为(n + 1)/2。

6.2.2　动态查找表

【问题描述】

设计一个有关动态查找表(以二叉排序树为例)的建立、查找、插入和删除等基本操作的演示程序。

【数据结构】

本设计用二叉树实现。

【算法描述】

动态查找表的特点是表结构本身在查找过程中动态生成，即对给定的关键字 key，若表中存在其关键字等于 key 的记录，则查找成功返回，否则插入关键字等于 key 的记录。

程序中设计了以下三个函数。

① 函数 SearchBST()：用于查找二叉排序树，采用递归方式实现。

② 函数 InsertBST()：用于在二叉排序树中插入一个新结点。

③ 函数 Inorder()：用于对建立好的二叉排序树进行中序遍历，得到一个有序序列。

在主函数中：第一步，建立二叉排序树，即令二叉排序树为空，然后依次输入数据元素，再调用 InsertBST()函数将输入的数据元素插入二叉排序树中；第二步，调用 Inorder()函数输出数据元素；第三步，输入待查找的数据元素，调用 SearchBST()函数进行查找。

输入数据建立一棵二叉排序树，然后进行多次查询。读者可自己先在纸上画出这棵二叉排序树，注意分析和比较运行结果，以加深对二叉排序树的建立和查找过程的理解。

【程序实现】

```
#include <stdlib.h>
#include <stdio.h>
#include <conio.h>
#define NULL 0
typedef int KeyType;
typedef struct
{   KeyType key;
```

```
    ....../*元素类型(其他数据项略，读者可根据实际情况加入)*/
}ElemType;
typedef struct BiTNode
{   ElemType data;
    struct BiTNode *lchild, *rchild;
}BiTNode, *BiTree;
/*在二叉排序树 bt 中查找其关键字等于给定值的结点是否存在，并输出相应信息*/
BiTree SearchBST(BiTree bt, KeyType key)
{   if (bt==NULL) return NULL;
    else
      if (bt->data.key==key) return bt;
      else
        if (key<bt->data.key) return SearchBST(bt->lchild, key);
        else return SearchBST(bt->rchild, key);
}
void InsertBST(BiTree *bt, BiTree s)     /*在二叉排序树中插入一个新结点*/
{     if (*bt==NULL) *bt=s;
      else
        if (s->data.key<(*bt)->data.key) InsertBST(&((*bt)->lchild), s);
        else
          if (s->data.key>(*bt)->data.key) InsertBST(&((*bt)->rchild), s);
}
void Inorder(BiTree bt)   /*对二叉排序树进行中序遍历，得到一个按关键字有序的元素序列*/
{   if (bt!=NULL)
    {   Inorder(bt->lchild);
        printf("%5d", (bt->data).key);
        Inorder(bt->rchild);
    }
}
void main()
{   char ch;
    KeyType key;
    int i=0;
    BiTNode *s, *bt;
    /*建立一棵二叉排序树，元素值从键盘输入，直到输入关键字的值等于-1 为止*/
    printf("\n 请输入数据(输入-1 结束)：\n");
    scanf("%d", &key);
    bt=NULL;
    while (key!=-1)
    {   s=(BiTree)malloc(sizeof(BiTNode));
```

```
            (s->data).key=key;
            s->lchild=s->rchild=NULL;
            InsertBST(&bt, s);
            scanf("%d", &key);
        }
        printf("\n 二叉排序树创建完成！ \n");
        Inorder(bt);            /*中序遍历已建立的二叉排序树*/
        do {                    /*进行二叉排序树查找，可多次查找，并输出查找结果*/
            printf("\n\n 请输入你想要查找的关键字:");
            scanf("%d", &key);
            s=SearchBST(bt, key);
            if (s!=NULL) printf("  查找成功，值为  %d ", s->data.key);
            else    printf("  查找不成功！ ");
            printf("\n\n  继续吗(y/n):\n");
            ch=getch();
        } while (ch=='y' || ch=='Y') ;
    }
```

【运行与测试】

程序运行如下：

```
 请输入数据(输入-1结束):
67 15 80 6 58 76 97 39 88 -1

 二叉排序树创建完成!
    6   15   39   58   67   76   80   88   97

 请输入你想要查找的关键字:67
 查找成功, 值为 67

 继续吗(y/n):


 请输入你想要查找的关键字:
50
 查找不成功!

 继续吗(y/n):
```

6.2.3　哈希表

【问题描述】

要求针对某个数据集合中的关键字设计一个哈希表(选择合适的哈希函数和处理冲突的方法)，完成哈希表的建立、查找，并计算哈希表查找成功的平均查找长度。

考虑具体问题的关键字集合(如 65，34，12，77，11)并给定哈希表长 m，采用除留余数法和线性探测再散列技术解决冲突，计算该哈希表在查找成功时的平均查找长度 ASL。

【数据结构】

本设计用顺序表实现。

【算法设计】

程序中设计了以下四个函数。

① 函数 Haxi()：根据哈希表长 m，构造除留余数法的哈希函数。一般来说，除留余数法中的除数 p 选择为不超过 m 的最大素数。本函数实现了 p 的选取。

② 函数 Inputdata()：用于从键盘输入 n 个数据，并存入数据表 ST 中。

③ 函数 Createhaxi()：用于根据输入的数据表 ST 构造哈希表 HAXI。

④ 函数 Search()：用于在表长为 m 的哈希表中查找关键字等于 key 的元素，并用 time 记录比较次数，若查找成功，则函数返回值为其在哈希表中的位置，否则返回-1。

【程序实现】

```
#include <stdlib.h>
#include <stdio.h>
#include <conio.h>
#define NULL 0
typedef int KeyType;
typedef struct
{   KeyType key ;   /*记录关键字*/
    ...... /*其他数据项略，读者可根据实际情况加入*/
}ElemType;
/*根据哈希表长 m, 构造除留余数法的哈希函数 Haxi*/
int Haxi(KeyType key, int m)
{   int i, p, flag;
    for (p=m; p>=2; p--)     /*p 为不超过 m 的最大素数*/
    {   for (i=2, flag=1; i<=p/2 &&flag; i++)
            if (p%i==0) flag=0;
            if (flag==1) break;
    }
    return key%p;       /*哈希函数*/
}
/*从键盘输入 n 个数据，存入数据表 ST(采用动态分配的数组空间)*/
void Inputdata(ElemType **ST, int n)
{   int i;
    (*ST)=(ElemType *)malloc(n*sizeof(ElemType));
    printf("\n 请输入 %d 个数据：", n);
    for (i=0; i<n; i++)
       scanf("%d", &((*ST)[i].key));
}
/*根据数据表 ST 构造哈希表 HAXI，n、m 分别为数据表 ST 和哈希表的长度*/
void Createhaxi(ElemType **HAXI, ElemType *ST, int n, int m)
{   int i, j;
```

```
    (*HAXI)=(ElemType *)malloc(m*sizeof(ElemType));
    for (i=0; i<m; i++)
        (*HAXI)[i].key=NULL;              /*初始化哈希为空表(以 0 表示空)*/
    for (i=0; i<n; i++)
    {   j=Haxi(ST[i].key, m);             /*获得直接哈希地址*/
        while ((*HAXI)[j].key!=NULL)      /*用线性探测再散列技术确定存放位置*/
            j=(j+1)%m;
         (*HAXI)[j].key=ST[i].key;        /*将元素存入哈希表的相应位置*/
    }
}
/*在表长为 m 的哈希表中查找关键字等于 key 的元素，并用 time 记录比较次数，
  若查找成功，则函数返回值为其在哈希表中的位置，否则返回-1*/
int Search(ElemType *HAXI, KeyType key, int m, int *time)
{   int i;
    *time=1;
    i=Haxi(key, m);
    while (HAXI[i].key!=0 && HAXI[i].key!=key)
       { i++;  ++*time; }
    if (HAXI[i].key==0)  return -1;
    else return i;
}
void main()
{   ElemType *ST, *HAXI;
    KeyType key;
    int i, n, m, stime, time;
    char ch;
    printf("\n  请输入 n && m(n<=m): ");  /*输入关键字集合元素个数和 HAXI 表长*/
    scanf("%d%d", &n, &m);
    Inputdata(&ST, n);                    /*调用函数，输入 n 个数据*/
    Createhaxi(&HAXI, ST, n, m);          /*建立哈希表*/
    /*输出已建立的哈希表*/
    printf("\n  哈希表为  \n");
    for (i=0; i<m; i++)
        printf("%5d", i);
    printf("\n");
    for (i=0; i<m; i++)
        printf("%5d", HAXI[i].key);
    /*进行哈希表查找，可多次查找*/
    do {
        printf("\n  请输入你想要查找的关键字:");
```

```
        scanf("%d", &key);
        i=Search(HAXI, key, m, &time);
        if(i!=-1)
        {   printf("\n 查找成功，位置是 %d ", i);          /*查找成功*/
            printf("\n 比较次数为 %d", time);
        }
        else
        {   printf("\n 查找不成功！");                     /*查找失败*/
            printf("\n 比较次数为 %d", time);
        }
        printf("\n 继续吗(y/n):\n");                       /*是否继续查找*/
        ch=getch();
    }while (ch=='y' || ch=='Y') ;
     /*计算表在等概率情况下的平均查找长度，并输出*/
    for (stime=0, i=0; i<n; i++)
    {   Search(HAXI, ST[i].key, m, &time);
        stime+=time;
    };
    printf("\n 平均查找长度为 %5.2f\n", (float)stime/n);
    ch=getch();
}
```

【运行与测试】

程序运行如下：

```
请输入 n && m(n<=m): 5 7

请输入 5 个数据: 65 34 12 77 11

哈希表为
   0    1    2    3    4    5    6
  77    0   65    0   11   12   34
请输入你想要查找的关键字:65

查找成功，位置是 2
比较次数为 1
继续吗(y/n):

请输入你想要查找的关键字:10

查找不成功!
比较次数为 1
继续吗(y/n):

平均查找长度为  1.00
```

6.2.4　不同排序算法的比较

【问题描述】

给出一组数，用直接插入排序、希尔排序、冒泡排序、快速排序、简单选择排序、堆排序六种常用的内部排序算法进行排序。

【数据结构】

本设计用一维数组存储实现。

【算法设计】

程序中设计了以下六个函数。

① 函数 InsertSort()：用于实现直接插入排序。

② 函数 ShellSort()：用于实现希尔排序。

③ 函数 BubbleSort()：用于实现冒泡排序。

④ 函数 QuickSort()：用于实现快速排序。

⑤ 函数 SelectSort()：用于实现简单选择排序。

⑥ 函数 HeapSort()：用于实现堆排序。

在主函数中首先建立原始序列，之后设计界面供用户选择排序方法，依据用户选择进行相应排序，并输出排序结果。

【程序实现】

```
#include <stdio.h>
#define MAX 100
void InsertSort(int array[], int n);
void ShellSort(int array[], int n, int dd[], int t);
void BubbleSort(int array[], int n);
void SelectSort(int array[], int n);
void QuickSort(int array[], int min, int max);
void HeapSort(int array[], int n);
void main()
{   int array[MAX], dd[MAX];
    int n, s, q, ch;
    printf("\n 请输入待排序数的个数：\n");
    scanf("%d", &n);
    printf(" 请输入待排序数据：\n");
    for(s=0; s<n; s++)
        scanf("%d", &array[s]);
    printf(" 1---直接插入排序\n");
    printf(" 2---希尔排序\n");
    printf(" 3---冒泡排序\n");
    printf(" 4---快速排序\n");
    printf(" 5---简单选择排序\n");
    printf(" 6---堆排序\n");
    printf(" 请选择(1-6):");
    scanf("%d", &ch);
    switch(ch)
```

```
    {   case 1:
            printf(" 直接插入排序结果：\n");
            InsertSort(array, n);
            break;
        case 2:
            printf(" 希尔排序结果：\n");
            /*初始化一个增量数组*/
            s=n;
            q=0;
            while(s>1)
            { dd[q++]=s/2;
              s=s/2;
            }
            ShellSort(array, n, dd, q);   /*最后一次的增量为 1*/
            break;
        case 3:
            printf("冒泡排序结果：\n");
            BubbleSort(array, n);
            break;
        case 4:
            printf(" 快速排序结果：\n");
            QuickSort(array, 0, n-1);
            break;
        case 5:
            printf(" 简单选择排序结果：\n");
            SelectSort(array, n);
            break;
        case 6:
            printf(" 堆排序结果：\n");
            HeapSort(array, n);
            break;
        default:
            return;
    }
    /*输出排序后的结点序列*/
    for(s=0; s<n; s++)
        printf("%d    ", array[s]);
    printf("\n");
}
void InsertSort(int array[], int n)            /*直接插入排序*/
```

```
{   int s, t, q;
    s=1;
    while(s<n)
    {   t=array[s];                                /*t 是一个临时变量*/
        for(q=s-1; q>=0&&t<array[q]; q--)
            array[q+1]=array[q];    /*t 结点向右移动*/
        array[q+1]=t;
        s++;
    }
}
void ShellSort(int array[], int n, int dd[], int t)     /*希尔排序*/
{   int s, x, k, h;
    int y;
    for(s=0; s<t; s++)
    {   h=dd[s];                                   /*选取增量*/
        for(x=h; x<n; x++)
        {   y=array[x];
            for(k=x-h; k>=0&&y<array[k]; k-=h)
                array[k+h]=array[k];               /*向后移动*/
            array[k+h]=y;
        }
    }
}
void BubbleSort(int array[], int n)                    /*冒泡排序*/
{   int s, m, q, t;
    m=0;
    while(m<n-1)                               /*如果 m=n-1, 则循环结束*/
    {   q=n-1;
        for(s=n-1; s>=m+1; s--)
        if(array[s]<array[s-1])
        {   t=array[s];
            array[s]=array[s-1];
            array[s-1]=t;
            q=s;
        }
        m=q;
     }
}
void QuickSort(int array[], int min, int max)          /*快速排序*/
{   int head, tail;
    int t;
```

```
    if(min<max)
    {   head=min;
        tail=max;
        t=array[head];
        while(head!=tail)
        {   while(head<tail&&array[tail]>=t)   tail--;
            if (head<tail)  array[head++]=array[tail];              /*交换结点*/
            while(head<tail&&array[head]<=t)  head++;
            if(head<tail)   array[tail--]=array[head];
        }
        array[head]=t;
        QuickSort(array, min, head-1);
        QuickSort(array, tail+1, max);
    }
}
void SelectSort(int array[], int n)                /*选择排序*/
{   int k, q, s, t;
    for(s=0; s<n; s++)
    {   k=s;
        for(q=s+1; q<n; q++)
            if(array[k]>array[q])  k=q;
        t=array[s];
        array[s]=array[k];
        array[k]=t;                                /*交换位置*/
    }
}
void PercDown(int array[], int s, int n)           /*调整为堆*/
{   int q;
    int t;
    t=array[s];
    while((q=2*s+1)<n)                             /*有左孩子*/
    {   if(q<n-1&&array[q]<array[q+1])  q++;
        if(t<array[q])
        {   array[(q-1)/2]=array[q];
            s=q;
        }
        else
            break;
    }
    array[(q-1)/2]=t;                              /*t 放在最后一个位置*/
```

```
}
void HeapSort(int array[], int n)            /*堆排序*/
{   int t;
    s=(n-1)/2;
    while(s>=0)
    {   PercDown(array, s, n);
        s--;
    }
    s=n-1;
    while(s>0)
    {   t=array[0];                          /*交换结点*/
        array[0]=array[s];
        array[s]=t;
        PercDown(array, 0, s);
        s--;
    }
}
```

【运行与测试】

程序运行如下：

```
请输入待排序数的个数: 5

请输入待排序数据: 30 20 50 40 10

1---直接插入排序
2---希尔排序
3---冒泡排序
4---快速排序
5---简单选择排序
6---堆排序
请选择(1-6):4
快速排序结果:
10   20   30   40   50
```

6.3 实 验 题

1. 建立一个有序的顺序表，实现折半查找算法。要求：能进行多次查找；对于每次查找，输出查找的结果和查找时需与表中关键字进行比较的次数；最后计算该表在等概率情况下的平均查找长度。

【提示】 折半查找的算法思想是要求表中记录有序排列，查找过程中采用跳跃式方式查找，即先以有序序列的中点位置为比较对象，如果要找的元素值小于该中点元素，则将待查序列缩小为左半部分，否则为右半部分。通过一次比较，将查找区间缩小一半。折半查找是一种高效的查找方法，它可以明显减少比较次数，提高查找效率。

2. 编写一个学生成绩管理系统。每个学生的数据信息有准考证号(主关键字，准考证号的前两位表示地区编号)、姓名、政治、语文、英语、数学、物理和总分等数据项，所有学生的信息构成一个学生成绩表。设计的管理系统需具有以下功能：

(1) 初始化。建立一个学生成绩表，输入准考证号、姓名、政治、语文、英语、数学、物理等数据信息，然后计算每个学生的总分，将其存入相应的数据项。注意：分析数据对象之间的关系，并以合适的方式进行组织(可选择无序的顺序表、有序的顺序表或索引顺序表来存储)。

(2) 查询。综合应用基本查找算法完成数据的基本查询工作，并输出查询结果。

(3) 输出。有选择性地输出满足一定条件的数据记录，如输出地区编号为“01”并且总分在550分以上的学生信息。

(4) 计算。计算等概率情况下该查找表的平均查找长度。

【提示】 可利用顺序存储结构建立学生成绩表数据库，将学生成绩表存到文件中，通过打开文件操作读出数据，采用实验指导例题中给出的查找算法进行设计。

3. 设计一个双向冒泡排序算法。

【提示】 双向冒泡排序是从两端两两比较相邻记录，如果反序，则交换，直到没有反序的记录为止。

4. 人们在日常生活中经常需要查找某个人或某个单位的电话号码，编程实现一个简单的个人电话号码查询系统。该查询系统需具有以下功能：

(1) 查询功能，可根据姓名实现快速查询。

(2) 维护功能，例如可进行插入、删除、修改等操作。

【提示】 可定义结构体数组来存放个人电话号码信息。为了实现对电话号码的快速查询，可将结构数组排序，并应用折半查找方法，但是，在数组中实现插入和删除的代价较高。如果需频繁进行插入或删除操作，可以考虑采用二叉排序树组织电话号码信息，这样查找和维护都能获得较高的时间性能。

第二部分　学习指导

第一章 绪 论

1.1 基本知识点

本章主要讨论贯穿和应用于整个数据结构课程的基本概念和性能分析方法。

1. 基本概念

本章需要掌握的基本概念有数据、数据元素、数据对象、数据结构、数据类型、抽象数据类型、算法等。

2. 数据结构研究的内容

数据结构研究的内容即“三要素”为逻辑结构、物理(存储)结构及在这种结构上所定义的操作(运算) 。

(1) 逻辑结构：包括集合结构、线性结构、树形结构(树)、图形结构(图)。

(2) 物理结构：包括顺序结构、链表结构。

(3) 操作：包括初始化、插入、删除、求长度、查找/匹配、排序、遍历、合并等。

3. 算法

(1) 算法的定义：算法是完成某一任务的有限指令序列。

(2) 算法的五个特征：有穷性、确定性、可行性、有 0 个或多个输入、有 1 个或多个输出。

(3) 算法设计的要求：正确性、可读性、健壮性、高效率和低存储。

(4) 算法效率的度量：时间复杂度、空间复杂度。

1.2 习题解析

1. 什么是数据结构？有关数据结构的讨论涉及哪三个方面？

【解答】 数据结构是指数据以及相互之间的关系，可记为“数据结构 = {D, R}”，其中，D 是某一数据对象，R 是该对象中所有数据成员之间关系的有限集合。

有关数据结构的讨论一般涉及以下三方面的内容：

① 数据元素及它们相互之间的逻辑关系，也称为数据的逻辑结构；

② 数据元素及其关系在计算机存储器内的存储表示，也称为物理结构；

③ 施加于该数据结构上的操作。

2. 数据的逻辑结构分为线性结构和非线性结构两大类。线性结构包括数组、链表、栈、队列等，非线性结构包括树、图等，这两类结构各自的特点是什么？

【解答】 线性结构的特点如下：

① 线性结构由同一类型的数据元素组成，每个数据元素 a_i 必须属于同一数据类型；

② 数据元素个数有限，表长就是表中数据元素的个数；

③ 存在唯一的“第一个”和“最后一个”数据元素；

④ 除第一个数据元素外，每个数据元素均有且只有一个前驱元素；

⑤ 除最后一个数据元素外，每个数据元素均有且只有一个后继元素。

非线性结构的特点如下：

① 由同一类型的数据元素组成，每个数据元素 a_i 必须属于同一数据类型；

② 数据元素个数有限；

③ 一个数据成员可能有零个、一个或多个直接前驱和直接后继。

3. 什么是算法？算法的五个特性是什么？试根据这些特性解释算法与程序的区别。

【解答】 算法是对特定问题求解步骤的一种描述。

一个算法应当具有以下特性：

① 输入。一个算法必须有 0 个或多个输入。它们是算法开始运算前给予算法的量。这些输入取自于特定的对象的集合。它们可以使用输入语句由外部提供数据，也可以使用赋值语句在算法内给定数据。

② 输出。一个算法应有 1 个或多个输出，输出的量是算法计算的结果。

③ 确定性。算法的每一步都应确切地、无歧义地定义。对于每一种情况，需要执行的动作都应严格、清晰地规定。

④ 有穷性。一个算法无论在什么情况下都应在执行有穷步后结束。

⑤ 可行性。算法中的每一条运算都必须是在现有条件下可实现的。就是说，它们原则上都能精确地执行，甚至人们仅用笔和纸做有限次运算就能完成。

算法体现了问题的求解过程，程序则是算法在计算机上的特定实现。一个算法如果用程序设计语言来描述，就是程序。程序不一定满足有穷性。例如，操作系统在用户未使用前一直处于“等待”的循环中，直到出现新的用户事件为止，所以操作系统不是算法。另外，程序中的指令必须是机器可执行的，而算法中的指令则无此限制。

4. 试举一个数据结构的例子，叙述其逻辑结构、存储结构、运算三个方面的内容。

【解答】 例如：一张学生体检情况登记表，记录了学生的身高、体重等各项体检信息。在这张表中，每个学生的各项体检信息排在一行上。这个表就是一个数据结构。每个记录(姓名、学号、身高和体重等字段)就是一个数据元素。对于整个表来说，只有一个开始数据元素(它的前面无记录)和一个结束数据元素(它的后面无记录)，其他的数据元素则各有一个也只有一个直接前驱和直接后继。这几个关系就确定了这个表的逻辑结构是线性结构。

这个表中的数据如何存储到计算机里，并且如何表示数据元素之间的关系呢？用一片连续的内存单元来存放这些数据(如用数组表示)，还是随机存放各数据再用指针进行链接呢？这就是存储结构的问题。

在某种存储结构的基础上，可实现对表中的数据元素进行查询、修改、增加和删除等操作。对这个表可以进行哪些操作？如何实现这些操作？这就是数据的运算问题。

5. 常用的存储表示方法有哪几种?

【解答】 常用的存储表示方法有顺序存储方法和链式存储方法两种。

顺序存储方法：把逻辑上相邻的数据元素存储在物理位置相邻的存储单元里，数据元素间的逻辑关系由存储单元的邻接关系来体现。由此得到的存储表示称为顺序存储结构，通常借助程序设计语言的数组来描述。

链式存储方法：不要求逻辑上相邻的数据元素在物理位置上也相邻，数据元素间的逻辑关系是由附加的指针表示的。由此得到的存储表示称为链式存储结构，通常借助程序设计语言的指针类型来描述。

6. 算法的时间复杂度仅与问题的规模有关吗?

【解答】算法的时间复杂度不仅与问题的规模有关,还与输入实例中的初始状态有关。在讨论时间复杂度时，一般是以最坏情况下的时间复杂度为准的。

7. 设 n 为正整数，确定下列带下画线的语句的执行频度。

(1)
```
for (i=1; i<=n; i++)
    for (j=1; j<=i; j++)
        for (k=1; k<=j; k++)
            x=x+1 ;
```

【解答】 语句的执行频度是该语句重复执行的次数。计算循环语句段中某一语句的执行次数，要得到语句执行与循环变量之间的关系。

这是一个三重循环，最内层的循环次数由 k 决定，次内层的由 j 决定，最外层的由 i 决定，而 i 从 1 变化到 n，所以带下画线的语句的执行频度为 $\sum_{i=1}^{n}\sum_{j=1}^{i}\sum_{k=1}^{j}k$。

(2)
```
i=1;
while (i<=n)
    i=i*3;
```

【解答】 设语句执行 m 次，则有 $3^m \leqslant n$，即 $m = \log_3 n$。

(3)
```
i=1; k=0;
while(i<n)
{   k=k+10*i;
    i++;
}
```

【解答】 while 循环执行 n 次，k=k+10*i 执行次数为 n−1。

8. 分析下列程序段的时间复杂度。

(1)
```
sum=0;
for(i=0; i<=n; i++)
    for(j=0; j<i; j++)
        sum++;
```

【解答】 $O(n^2)$。

(2)
```
int func(int n)
{  if (n<=1)
      return(1);
   else
      return(func(n-1)*n);
}
```

【解答】 设 func(n)的运行时间为 T(n)，由程序可知：

$$T(n)=\begin{cases}O(1) & n\leqslant 1\\ T(n-1)+O(1) & n>1\end{cases}$$

所以 $T(n) = O(1) + T(n-1) = 2 \times O(1) + T(n-2) = \cdots = n \times O(1) = O(n)$。

1.3 自 测 题

一、填空题

1. 线性结构中元素之间存在________关系；树形结构中元素之间存在________关系；图形结构中元素之间存在________关系。

2. 顺序存储结构是把数据元素存放在地址________的存储单元中；对于线性结构来说，数据元素之间的逻辑关系可以用________相邻来表示。

3. 链式存储结构是把数据元素存放在任意的存储单元中，这组存储单元可以连续也可以不连续，数据元素之间的逻辑关系可以用________来表示。

4. 数据类型是指一个值的集合和____________________________的总称。

5. 相互之间存在关系的数据元素的集合就是数据结构，算法是___________。

6. 一般来说，算法的四个基本要求是：________、________、________、________。

7. 算法分析是对一种算法所消耗的计算机资源的估算，其中包括计算机________的长短和________的大小。

8. 在下面的程序段中，s=s+p 语句的执行次数为________，p*=j 语句的执行次数为________，该程序段的时间复杂度为________。

```
int i=0,s=0;
while(++i<=n)
{  int p=1;
   for(int j=1; j<=i;j++ )  p*=j;
   s=s+p;
}
```

二、单项选择题

1. 数据的逻辑结构是(　　　)。

A．数据的组织形式　　　　B．数据的存储形式

C．数据的表示形式　　D．数据的实现形式

2．组成数据的基本单位是(　　)。

A．数据项　　B．数据类型　　C．数据元素　　D．数据变量

3. 从逻辑上可以把数据结构分为(　　)两大类。

A．动态结构、静态结构　　B．顺序结构、链式结构

C．线性结构、非线性结构　　D．初等结构、构造型结构

4. 树形结构的数据元素之间存在一种(　　)关系。

A.一对一　　B. 多对多　　C. 多对一　　D. 一对多

5. 算法分析的目的是(　　)，算法分析的两个主要方面是(　　)。

A. 找出数据结构的合理性　　B. 研究算法中的输入和输出关系

C. 分析算法的效率以求改进　　D. 分析算法的可读性和稳定性

E. 空间复杂度和时间复杂度　　F. 正确性和简明性

6. 数据结构被形式定义为二元组(D, S)，其中 D 是(　　)的有限集合，S 是 D 上(　　)的有限集合。

A. 算法　　B. 数据元素　　C. 数据操作　　D. 逻辑结构

E. 操作　　F. 映象　　G. 存储　　H. 关系

7. 计算机算法必须具备输入、输出和(　　)五个特性。

A. 可行性、可移植性和可扩充性　　B. 可行性、确定性和有穷性

C. 确定性、有穷性和稳定性　　D. 易读性、稳定性和安全性

8. 下面程序的时间复杂度为(　　)。

```
for(i=0; i<m; i++)
  for(j=0; j<t; j++)
     c[i][j]=0;
  for(i=0; i<m; i++)
    for(j=0; j<t; j++)
      for(k=0; k<n; k++)
        c[i][j]=c[i][j]+a[i][k]*b[k][j];
```

A. $O(m \times n \times t)$　　B. $O(m + n + t)$　　C. $O(m + n \times t)$　　D. $O(m \times t + n)$

参考答案

第二章 线性表

2.1 基本知识点

线性表是整个数据结构课程学习的重点，链表是整个数据结构课程的重中之重。

1. 线性表的概念及特点

线性表是 n(n≥0)个数据类型相同的数据元素组成的有限序列，数据元素之间是一对一的关系，即每个数据元素最多有一个直接前驱和一个直接后继。

线性表的特点如下：

(1) 线性表由同一类型的数据元素组成，每个数据元素 a_i 必须属于同一数据类型。

(2) 线性表中的数据元素个数是有限的，表长就是表中数据元素的个数。

(3) 存在唯一的“第一个”和“最后一个”数据元素。

(4) 除第一个数据元素外，每个数据元素均有且只有一个前驱元素。

(5) 除最后一个数据元素外，每个数据元素均有且只有一个后继元素。

线性表是一种最简单、最常见的数据结构，如栈、队列、矩阵、数组、字符串、堆等都符合线性表的条件。

2. 线性表的顺序存储

线性表的顺序存储是指在计算机中用一组地址连续的存储单元依次存储线性表的各个数据元素，数据元素之间的逻辑关系通过存储位置来反映。用这种存储形式存储的线性表称为顺序表。顺序表具有按数据元素的序号随机存取的特点，但插入和删除操作需要移动大量的数据元素。

3. 线性表的链式存储

线性表的链式存储不需要用地址连续的存储单元来实现，因为它不要求逻辑上相邻的两个数据元素其物理位置上也相邻，它是通过“链”建立起数据元素之间的逻辑关系的。线性链表的插入、删除操作不需要移动数据元素。

链表可分为单链表、循环单链表和双向链表。链表是常用的存储方式，不仅可以用来表示线性表，而且可以用来表示各种非线性的数据结构。

要注意理解链表中头指针、头结点和第一个元素结点这三个概念。单链表中有无头结点的区别如下：

(1) 若无头结点，则在第一个数据元素前插入元素或删除第一个数据元素时(也就是涉及空表时)，链表的头指针在变化。

(2) 若有头结点，则任何数据结点的插入或删除操作都将统一。

线性链表中的插入、删除操作虽然不需要移动数据元素，但需要查找插入、删除位置，所以时间复杂度仍然是O(n)。

顺序存储结构和链式存储结构的比较见表2.1。

表2.1　两种结构的比较

比较项	顺序存储结构	链式存储结构
逻辑关系体现	位置相邻反映逻辑关系	指针
是否按序号随机存取	是	否
插入、删除操作(位置已知)	需要移动大量的数据元素	不需要移动数据元素，只修改指针

2.2 习题解析

1. 试述线性表的顺序存储与链式存储的优缺点。

【解答】 线性表的顺序存储的优点是表中数据元素可随机存取；缺点是在表中进行插入和删除操作时需要移动大量的数据元素，且表长不易扩充。

线性表的链式存储的优点是在表中进行插入和删除操作时不需要移动数据元素，而且表长可根据需要扩充或缩短；缺点是表中数据元素不可随机存取。

2. 试述头指针、头结点、第一个元素结点三个概念的区别。

【解答】 头指针是指向链表中第一个结点(开始结点或第一个元素结点)的指针；第一个元素结点之前附加的一个结点称为头结点；第一个元素结点为存储第一个数据元素的结点。如图2.1所示为头指针、头结点及第一个元素结点示意图。

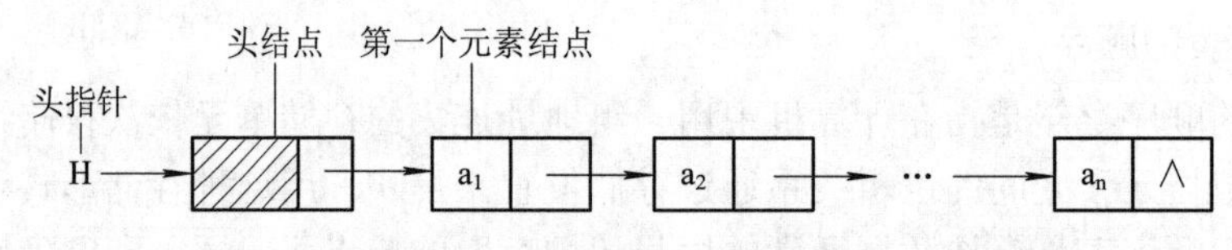

图2.1　头指针、头结点及第一个元素结点示意图

3. 常言道："尺有所短，寸有所长"，顺序表、链表各有优缺点，请问如何选用顺序表、链表作为线性表的存储结构?

【解答】 在实际应用中，应根据具体问题的要求来选择存储结构，通常有以下两方面的考虑：

① 基于空间的考虑。当要求存储的线性表长度变化不大，易于事先确定其大小时，为了节省存储空间，宜采用顺序表；反之，当线性表长度变化大，难以估计其存储规模时，宜采用链表。

② 基于时间的考虑。若主要对线性表进行查找操作，而很少进行插入和删除操作，宜采用顺序表；反之，若需要对线性表进行频繁的插入或删除等操作，宜采用链表，并且，若链表的插入和删除主要发生在表的首尾两端，则宜采用尾指针表示的循环单链表。

4. 在顺序表中插入和删除一个数据元素需平均移动多少个数据元素？具体的移动次数取决于哪两个因素？

【解答】 对于顺序表上的插入操作，时间主要消耗在数据元素的移动上。在第 i 个位置上插入 x，从 a_i 到 a_n 都要向下移动一个位置，共需要移动 n−i+1 个数据元素，而 i 的取值范围为 1≤i≤n+1，即有 n+1 个位置可以插入。设在第 i 个位置上插入数据元素的概率为 p_i，则平均移动数据元素的次数为

$$E_{in}=\sum_{i=1}^{n+1}p_i(n-i+1)$$

假设在每个位置插入数据元素的概率相等，即 $p_i=1/(n+1)$，则

$$E_{in}=\sum_{i=1}^{n+1}p_i(n-i+1)=\frac{1}{n+1}\sum_{i=1}^{n+1}(n-i+1)=\frac{n}{2}$$

删除操作的时间性能与插入操作的相同，其时间主要消耗在数据元素的移动上。删除第 i 个数据元素时，其后面的数据元素 a_{i+1}～a_n 都要向上移动一个位置，共移动了 n−i 个数据元素，所以平均移动数据元素的次数为

$$E_{de}=\sum_{i=1}^{n}p_i(n-i)$$

在等概率情况下，$p_i=1/n$，则

$$E_{de}=\sum_{i=1}^{n}p_i(n-i)=\frac{1}{n}\sum_{i=1}^{n}(n-i)=\frac{n-1}{2}$$

具体的移动次数取决于顺序表的长度 n 以及需插入或删除的位置 i。i 越接近 n，则所需移动的数据元素数越少。

5. 为什么在循环单链表中设置尾指针比设置头指针更好？

【解答】 尾指针是指向链表最后一个结点的指针，用它来表示循环单链表便于查找链表的第一个元素结点和最后一个元素结点。设一带头结点的循环单链表的尾指针为 rear，则开始结点和终端结点的位置分别是 rear->next->next 和 rear，查找时间复杂度都是 O(1)，如图 2.2 所示。若用头指针来表示该链表，则查找终端结点的时间复杂度为 O(n)。

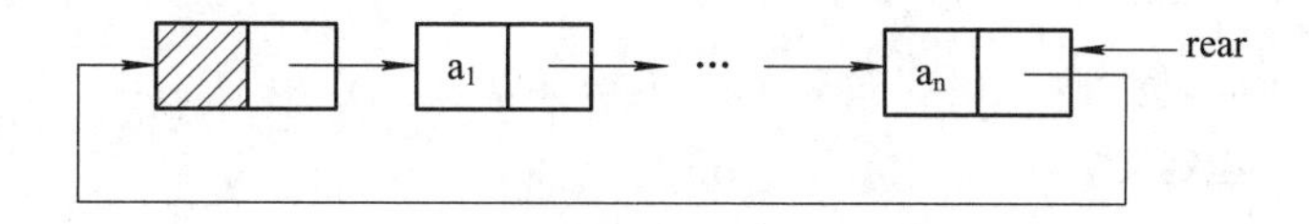

图 2.2 带尾指针的循环单链表

6. 在单链表、双向链表和循环单链表中，若仅知道指针 p 指向某结点，不知道头指针，能否将结点*p 从相应的链表中删去？若可以，其时间复杂度各为多少？

【解答】 下面分别讨论三种链表的情况。

(1) 单链表。若要删除单链表中的结点*p，必须获得*p 的前驱。但是如果在单链表中

仅知道 p 指向某结点，则只能根据该指针找到其直接后继。由于不知道其头指针，因此无法访问到 p 指针指向的结点的直接前驱，从而无法删去该结点，如图 2.3 所示。

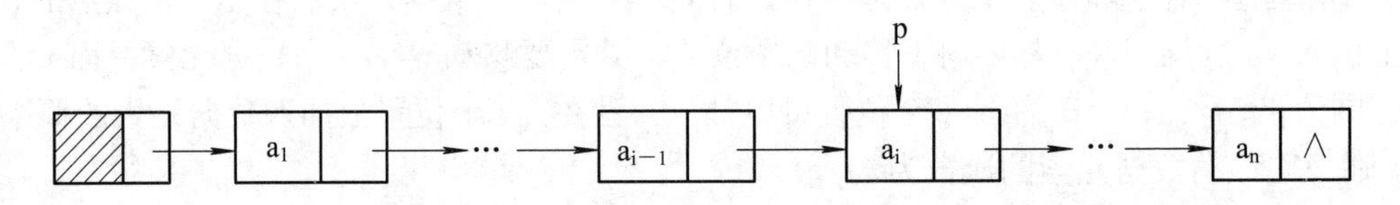

图 2.3　单链表

(2) 双向链表。由于这样的链表提供双向指针，根据*p 结点的前驱指针和后继指针可以查找到其直接前驱和直接后继，从而可以删除该结点。其时间复杂度为 O(1)。

如图 2.4 所示，p 指向双向链表中的某结点，删除*p，操作如下：

```
① p->prior->next=p->next;
② p->next->prior=p->prior;
   free(p);
```

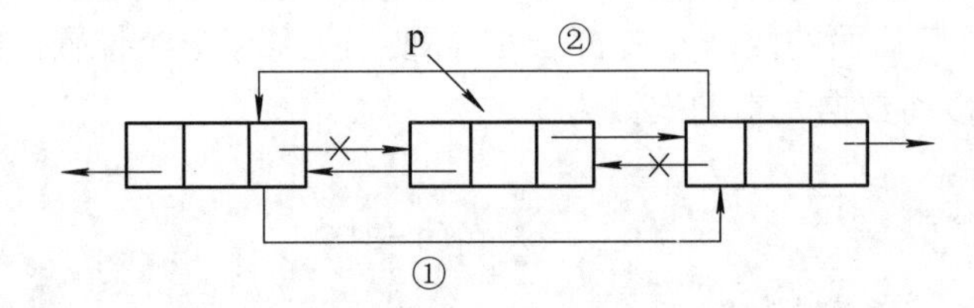

图 2.4　双向链表

(3) 循环单链表。根据已知结点位置，可以直接得到其后相邻的结点位置(直接后继)。又因为是循环单链表，所以我们从 p 开始查找后继结点，直到找到后继结点是 p 时停止，即可得到 p 指向结点的直接前驱，如图 2.5 所示。因此，可以删去 p 所指结点。其时间复杂度为 O(n)。

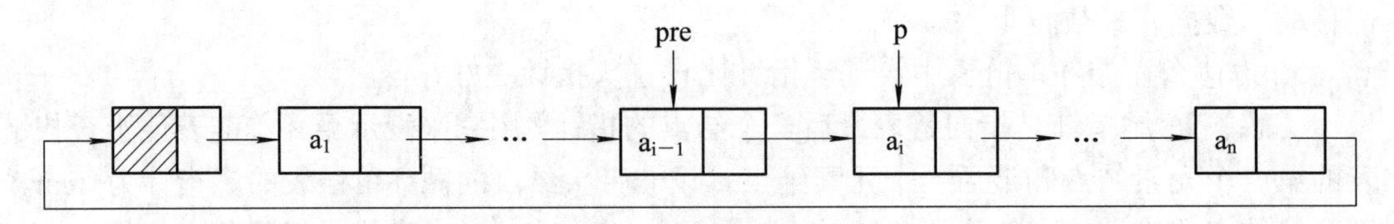

图 2.5　循环单链表

7. 下述算法的功能是什么?

```
typedef struct node
{   /*结点类型定义*/
    DataType data;                  /*结点的数据域*/
    struct node *next;              /*结点的指针域*/
}ListNode, *LinkList;
LinkList Demo(LinkList L)
{   /*L 是无头结点单链表*/
```

```
    ListNode *Q, *P;
    if(L&&L->next)
    {   Q=L;
        L=L->next;
        P=L;
        while(P->next)
          P=P->next;
        P->next=Q;
        Q->next=NULL;
    }
    return L;
}
```

【解答】该算法的功能是：将开始结点摘下并链接到终端结点之后成为新的终端结点，而原来的第二个结点成为新的开始结点，返回新链表的头指针。其执行过程如图 2.6 所示。

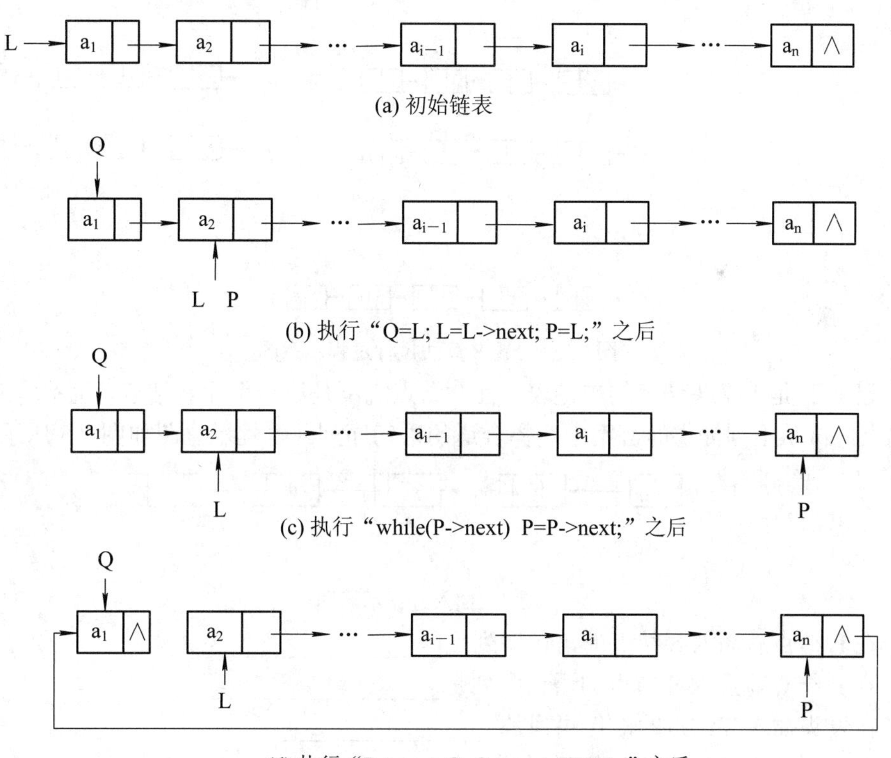

图 2.6 习题 7 算法执行过程示意图

8. 画出执行下列各行语句后各指针及链表的示意图。

```
L=(LinkList)malloc(sizeof(LNode));
P=L;
```

```
for(i=1; i<=4; i++)
{   P->next=(LinkList)malloc(sizeof(LNode));
    P=P->next;
    P->data=i*2-1;
}
P->next=NULL;
```

【解答】 各指针及链表的示意图如图2.7所示。

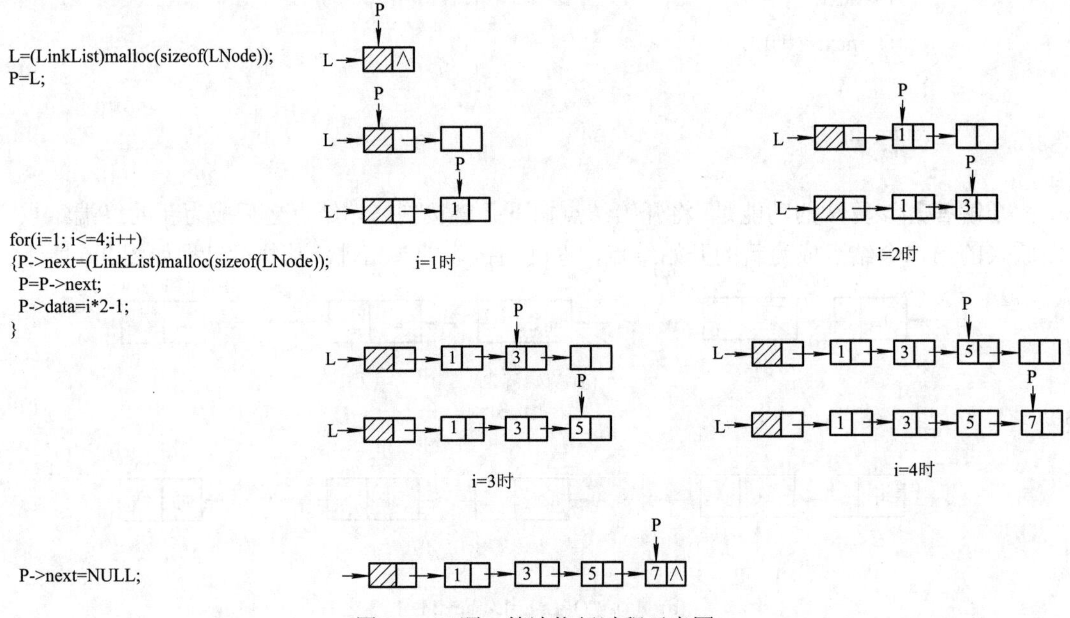

图2.7　习题8算法执行过程示意图

9. 已知L是不带头结点的单链表，且P结点既不是第一个元素结点，也不是最后一个元素结点，试从下列提供的答案中选择合适的语句序列。过程示意图如图2.8所示。

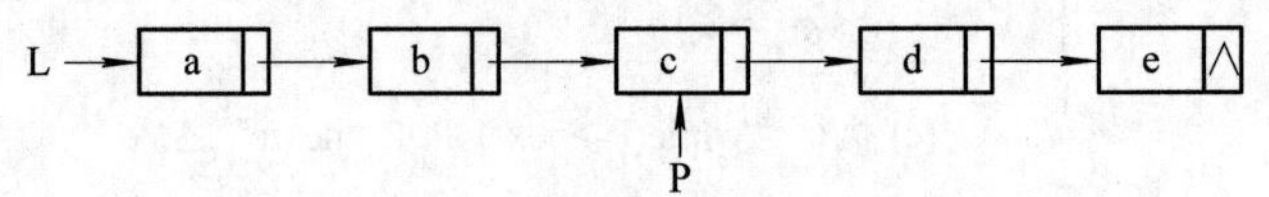

图2.8　插入过程示意图

a. 在P结点后插入S结点的语句序列是__________________。

b. 在P结点前插入S结点的语句序列是__________________。

c. 在表头插入S结点的语句序列是__________________。

d. 在表尾插入S结点的语句序列是__________________。

(1) P->next=S;　　(2) P->next=P->next->next;

(3) P->next=S->next;　　(4) S->next=P->next;

(5) S->next=L;　　(6) S->next=NULL;

(7) Q=P;　　(8) while(P->next!=Q) P=P->next;

(9) while(P->next!=NULL) P=P->next;　　(10) P=Q;

(11) P=L;　　　　　　　　　　　　(12) L=S;

(13) L=P;

【解答】 a. 在P结点后插入S结点的语句序列是(4)、(1)，过程如图2.9所示。

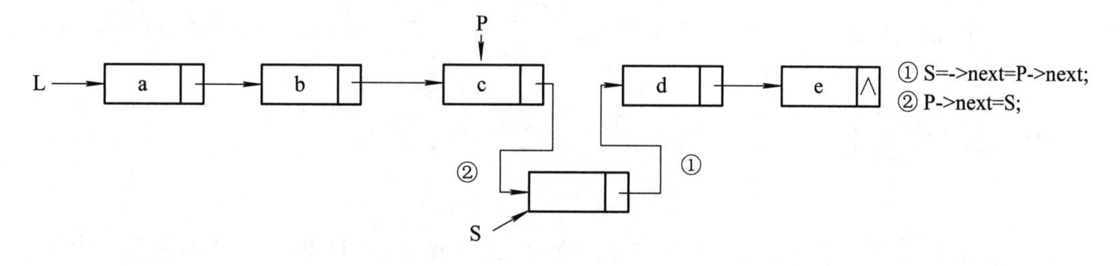

图2.9　在P结点后插入S结点

b. 要在P结点前插入S结点必须先找到P结点的前驱，所以，要从表头开始查找P的前驱结点，其语句序列是(7)、(11)、(8)、(4)、(1)，过程如图2.10所示。

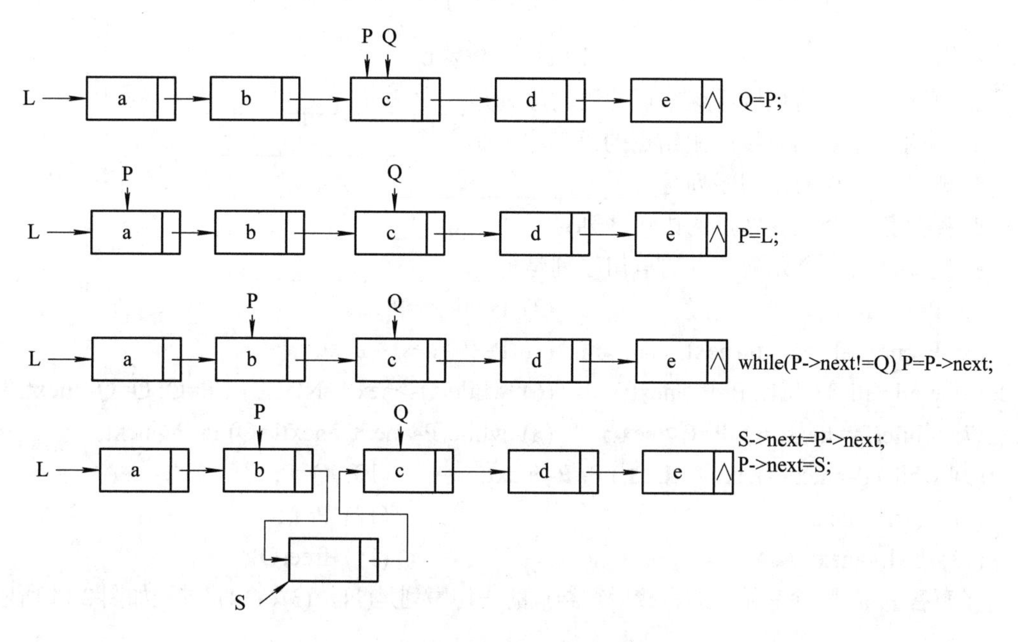

图2.10　在P结点前插入S结点

c. 在表头插入S结点的语句序列是(5)、(12)，过程如图2.11所示。

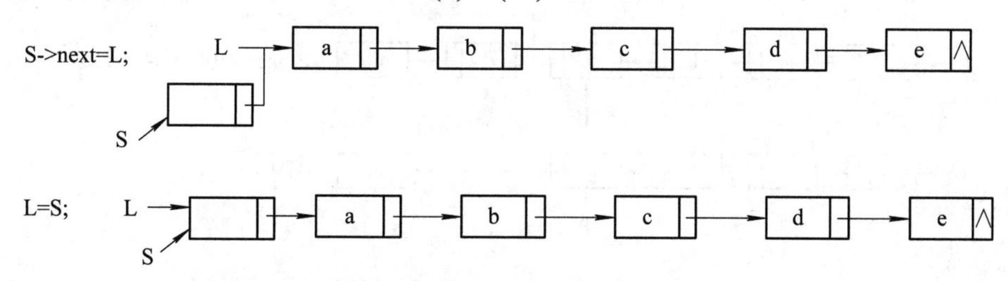

图2.11　在表首插入S结点

d. 在表尾插入S结点的语句序列是(7)、(9)、(1)、(6)，过程如图2.12所示。

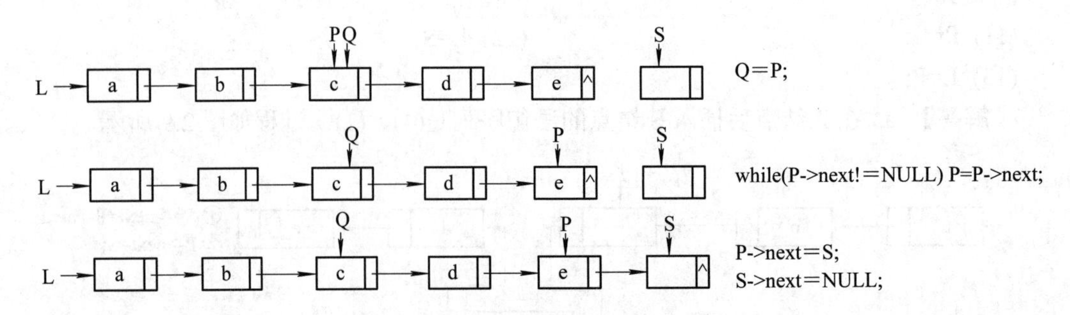

图 2.12　在表尾插入 S 结点

10. 已知 L 是带表头结点的非空单链表(如图 2.13 所示)，且 P 结点既不是第一个元素结点，也不是最后一个元素结点，试从下列提供的答案中选择合适的语句序列。

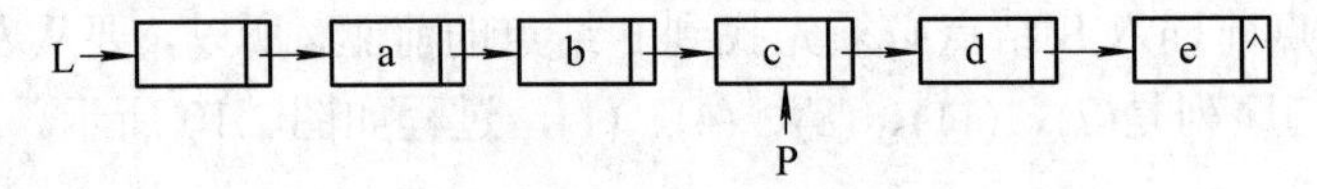

图 2.13　单链表 L

a. 删除 P 结点的直接后继结点的语句序列是____________________。

b. 删除 P 结点的直接前驱结点的语句序列是____________________。

c. 删除 P 结点的语句序列是____________________。

d. 删除第一个元素结点的语句序列是____________________。

e. 删除最后一个元素结点的语句序列是____________________。

(1) P=P->next;　　(2) P->next=P;

(3) P->next=P->next->next;　　(4) P=P->next->next;

(5) while(P!=NULL) P=P->next;　　(6) while(Q->next!=NULL) { P=Q; Q=Q->next; }

(7) while(P->next!=Q) P=P->next;　　(8) while(P->next->next!=Q) P=P->next;

(9) while(P->next->next!=NULL) P=P->next;　　(10) Q=P;

(11) Q=P->next;　　(12) P=L;

(13) L=L->next;　　(14) free(Q);

【解答】 a. 删除 P 结点的直接后继结点的语句序列是(11)、(3)、(14)，过程如图 2.14 所示。

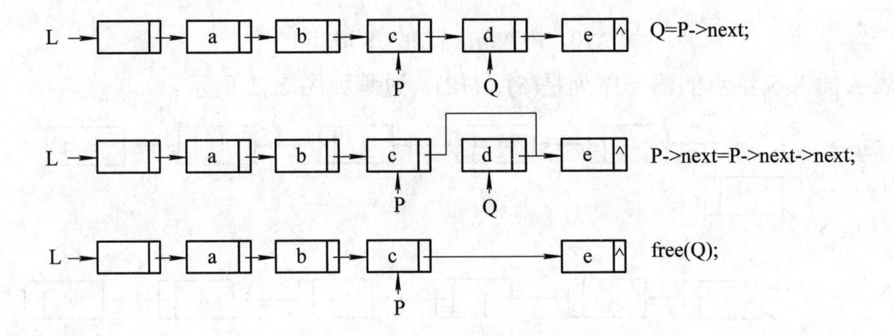

图 2.14　删除 P 结点的直接后继结点

b. 要删除 P 结点的直接前驱结点必须找到待删结点的前驱，也就是 P 的前驱的前驱，其语句序列是(10)、(12)、(8)、(3)、(14)，过程如图 2.15 所示。

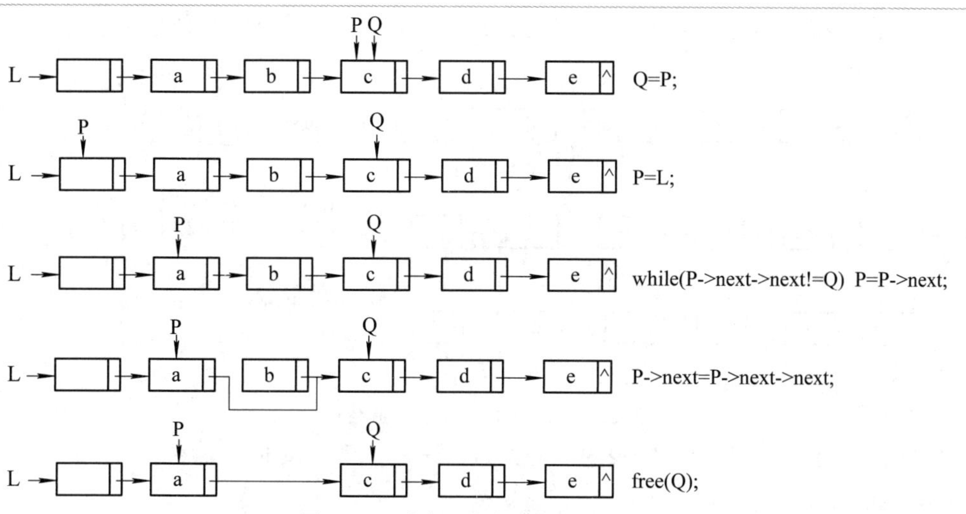

图 2.15 删除 P 结点的直接前驱结点

c. 要删除 P 结点必须找到 P 的直接前驱，这一点和在 P 结点之前插入结点一样，语句序列是(10)、(12)、(7)、(3)、(14)，过程如图 2.16 所示。

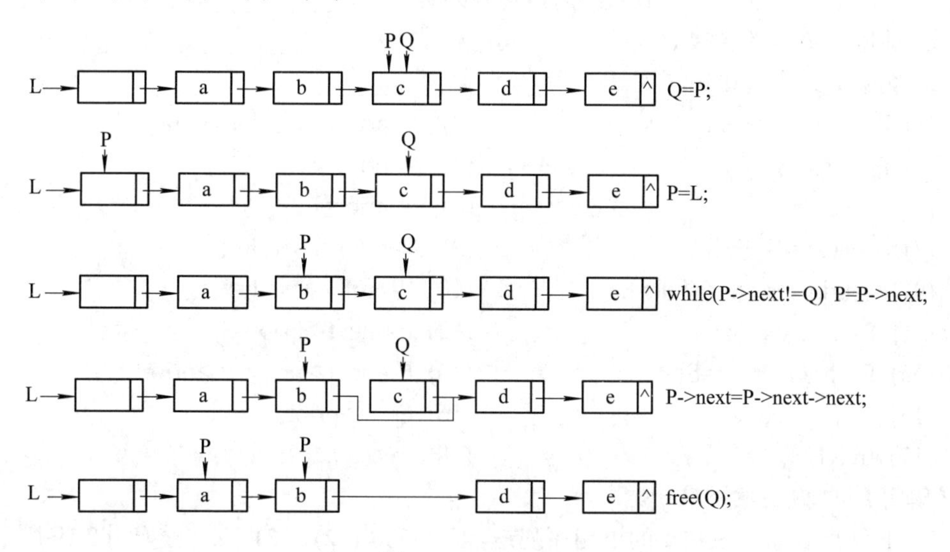

图 2.16 删除 P 结点

d. 删除第一个元素结点的语句序列是(12)、(11)、(3)、(14)，过程如图 2.17 所示。

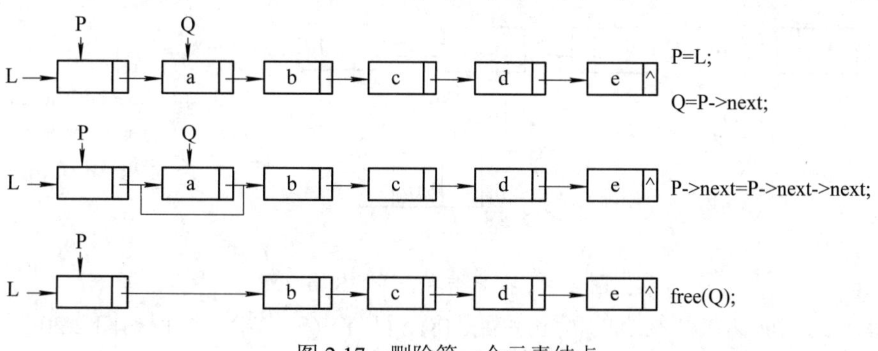

图 2.17 删除第一个元素结点

e. 要删除最后一个元素结点需要找到倒数第二个结点，其语句序列是(11)、(6)、(3)、(14)，过程如图 2.18 所示。

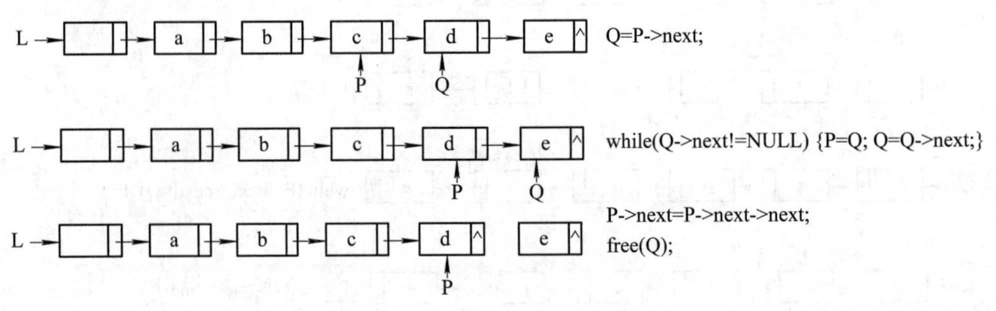

图 2.18 删除最后一个元素结点

11. 已知 P 结点是某双向链表的中间结点，试从下列提供的答案中选择合适的语句序列，并画出过程图。

a. 在 P 结点后插入 S 结点的语句序列是______________________。

b. 在 P 结点前插入 S 结点的语句序列是______________________。

c. 删除 P 结点的直接后继结点的语句序列是______________________。

d. 删除 P 结点的直接前驱结点的语句序列是______________________。

e. 删除 P 结点的语句序列是______________________。

(1) P->next=P->next->next;　　(2) P->prior=P->prior->prior;
(3) P->next=S;　　(4) P->prior=S;
(5) S->next=P;　　(6) S->prior=P;
(7) S->next=P->next;　　(8) S->prior=P->prior;
(9) P->prior->next=P->next;　　(10) P->prior->next=P;
(11) P->next->prior=P;　　(12) P->next->prior=S;
(13) P->prior->next=S;　　(14) P->next->prior=P->prior;
(15) Q=P->next;　　(16) Q=P->prior;
(17) free(P);　　(18) free(Q);

【解答】 本题答案不唯一。

a. 在 P 结点后插入 S 结点的语句序列是 (6)、(7)、(12)、(3) ，过程如图 2.19 所示。

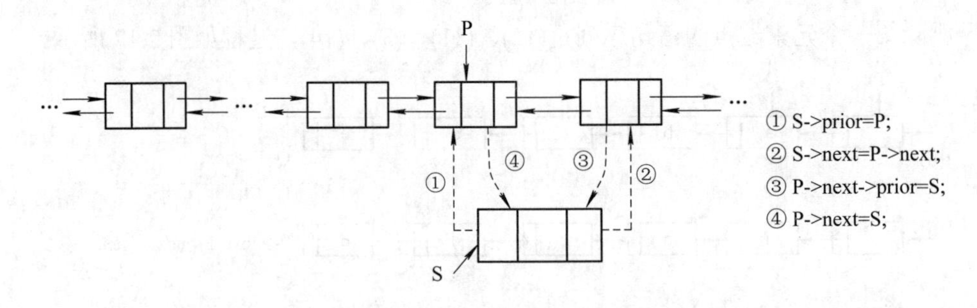

图 2.19 在 P 结点后插入 S 结点

b. 在 P 结点前插入 S 结点的语句序列是(8)、(13)、(5)、(4)，过程如图 2.20 所示。

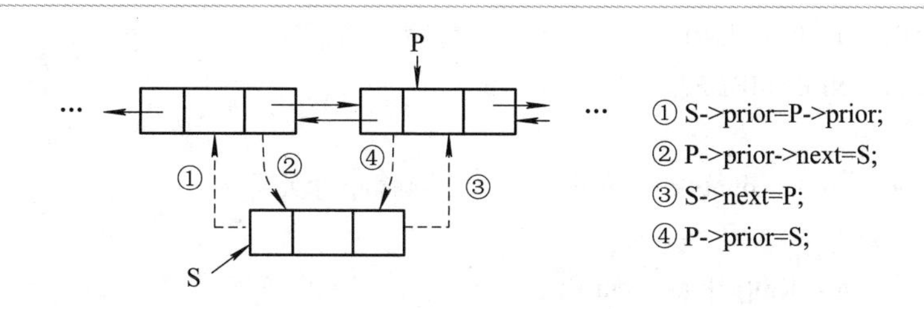

图 2.20　在 P 结点前插入 S 结点

c. 删除 P 结点的直接后继结点的语句序列是 (15)、(1)、(11)、(18) ，过程如图 2.21 所示。

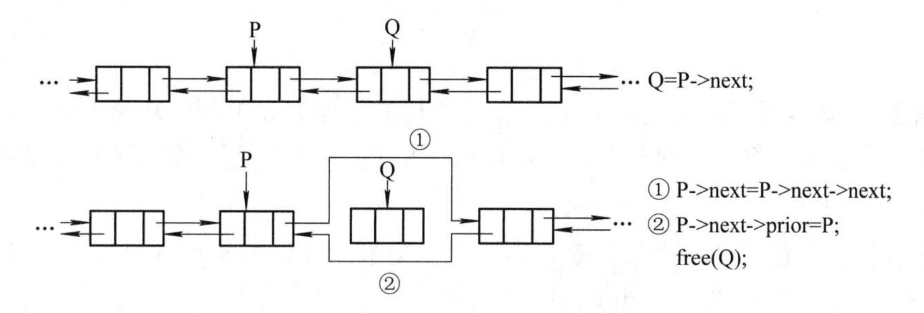

图 2.21　删除 P 结点的直接后继结点

d. 删除 P 结点的直接前驱结点的语句序列是(16)、(2)、(10)、(18)，过程如图 2.22 所示。

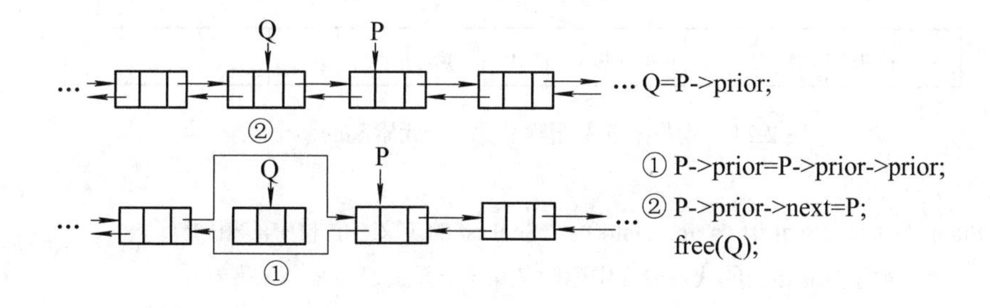

图 2.22　删除 P 结点的直接前驱结点

e. 删除 P 结点的语句序列是(9)、(14)、(17)，过程如图 2.23 所示。

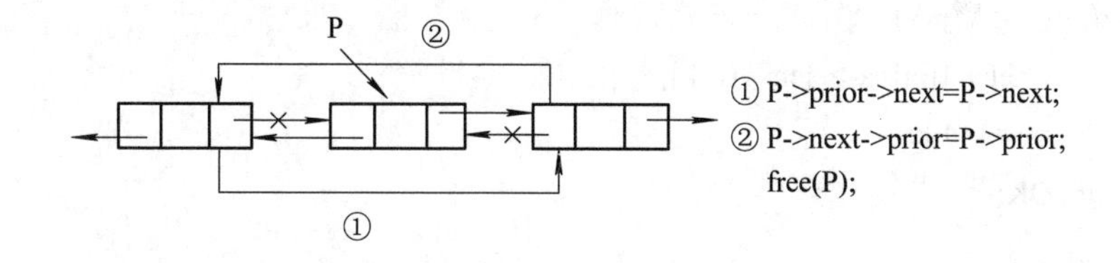

图 2.23　删除 P 结点

12. 算法设计需要设计人员有精益求精、追求极致的工匠精神。请指出以下算法中的错误和低效之处，并将它改写为一个既正确又高效的算法。

```
Status DeleteK(SeqList *a, int i, int k)          /*SeqList 的定义与教材中的相同*/
{    /*从顺序存储结构的线性表 a 中删除从第 i 个元素起的 k 个元素*/
```

```
    if(i<1||k<0||i+k>a->last)                  /*参数不合法*/
        return INFEASIBLE;
    else
    {   for(count=1; count<k; count++)         /*删除第一个元素*/
        {   for(j=a->last; j>=i+1; j--)
                a->elem[j-i]=a->elem[j];
            a->last--;
        }
    return OK;
    }
}
```

【解答】 代码实现的功能是：从顺序存储结构的线性表 a 中删除从第 i 个元素起的 k 个元素。其中包含双重循环，对从第 i 个元素起的 k 个元素中的每一个都要移动数据元素。其时间复杂度为 $O(n^2)$。

实际上使用一重循环即可解决问题，即将第 i+k+1 到 n 的元素依次前移 k 个位置，过程如图 2.24 所示。其时间复杂度为 O(k)。

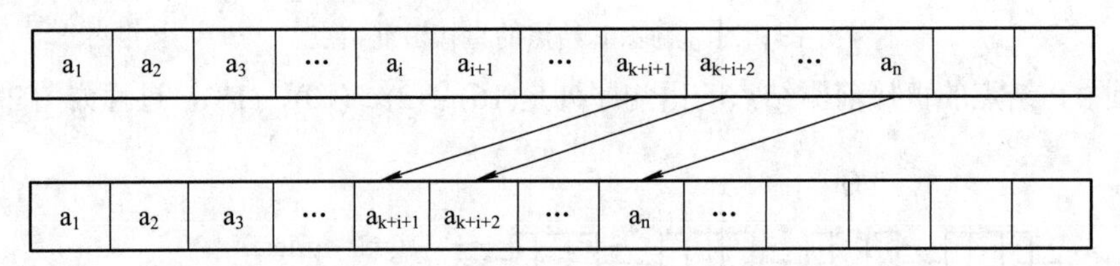

图 2.24 从顺序表中删除从第 i 个元素起的 k 个元素

算法如下：

```
Status DeleteK(SeqList *a, int i, int k)   /*SeqList 的定义与教材中的相同*/
{   /*从顺序存储结构的线性表 a 中删除从第 i 个元素起的 k 个元素*/
    /*注意 i 的编号从 0 开始*/
    int j;
    if(i<0||i>a->last-1||k<0||k>a->last-i) return INFEASIBLE;
    for(j=0; j<=k; j++)
        a->elem[j+i]=a->elem[j+i+k];
    a->last=a->last-k;
    return OK;
}
```

13. 高效的算法是指少用时间、少用空间。试分别用顺序表和单链表作为存储结构，设计高效的算法，实现将线性表(a_0, a_1, …, a_{n-1})就地逆置的操作。所谓“就地”，是指附加空间为 O(1)。

【解答】 (1) 顺序表。将表中的开始结点与终端结点互换，第二个结点与倒数第二个结点互换，如此反复，即可将整个表逆置，过程如图 2.25 所示。

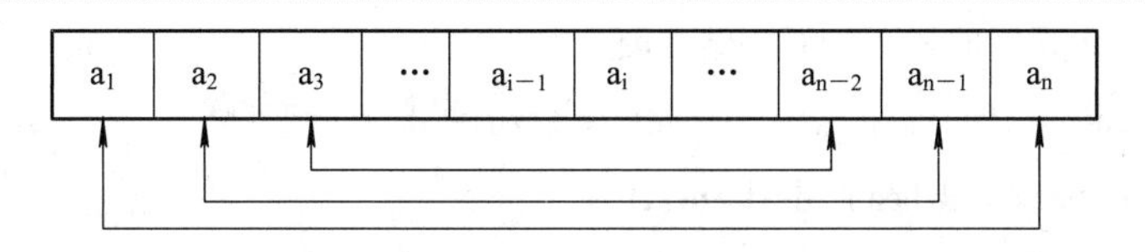

图 2.25 顺序表逆置

算法如下：

```
void ReverseList(SeqList *L)              /*SeqList 的定义与教材中的相同*/
{   datatype temp ;                       /*设置临时空间，用于存放 data*/
    int i;
    for (i=0; i<=L->last/2; i++)          /*L->last/2 为整除运算*/
    {   temp=L->elem[i];                  /*交换数据*/
        L-> elem [i]=L-> elem[L->last-i];
        L-> elem [L->last-i]=temp;
    }
}
```

(2) 单链表。用交换数据的方式可以达到表逆置的目的，但是单链表中数据的存取不是随机的，因此算法效率低。这里我们利用改变指针指向来达到表逆置的目的，具体分析如下：

① 当单链表为空表或单结点链表时，该表的逆置与原表相同。

② 当单链表含两个以上结点时，可将该表处理成只含第一个结点的带头结点单链表和该表剩余结点的单链表。然后，将剩余结点的单链表顺着链表指针由前往后将每个结点依次摘下，将其作为第一个结点插入到带头结点的单链表中，这样就可以得到逆置的单链表。其过程如图 2.26 所示。

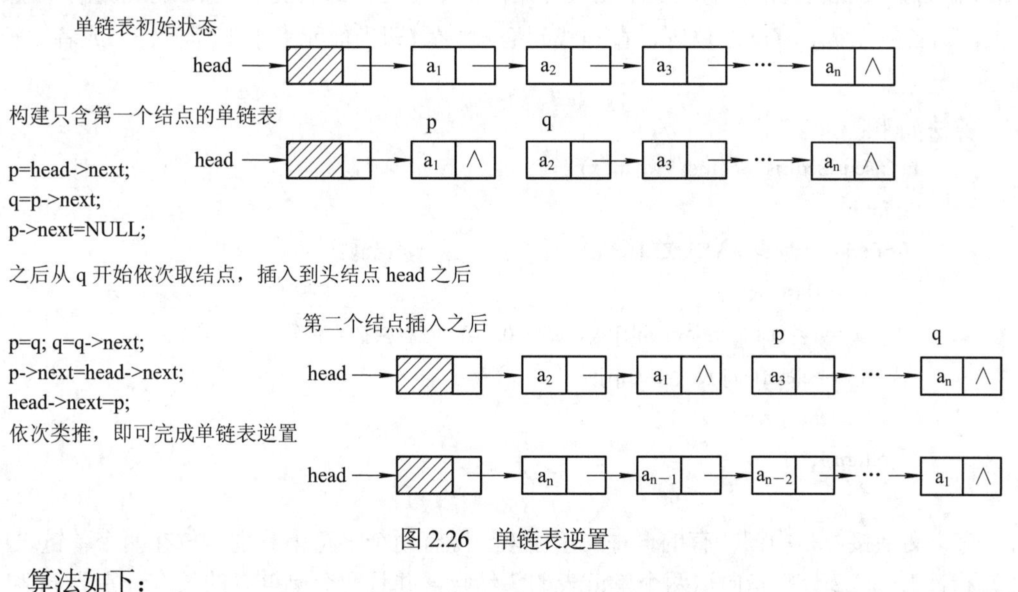

图 2.26 单链表逆置

算法如下：

```
LinkList ReverseList( LinkList head )          /*LinkList 的定义与教材中的相同*/
```

```
{  /*将 head 所指的单链表(带头结点)逆置*/
   ListNode *p , *q ;                    /*设置两个临时指针变量*/
   if( head->next && head->next->next)
   {  /*当单链表不是空表或单结点链表时*/
      p=head->next;
      q=p->next;
      p->next=NULL;                      /*将开始结点变成终端结点*/
      while(q)
      {  /*每次循环将后一个结点变成开始结点*/
         p=q;
         q=q->next ;
         p->next = head->next ;
         head->next = p;
      }
      return head;
   }
   return head;   /*如是空表或单结点链表，则直接返回 head*/
}
```

14．一辆汽车在起步阶段时其速度是递增的，现用一个顺序表记录汽车起步阶段的速度。设顺序表 va 中的数据元素递增有序，试设计一算法将 x 插入顺序表的适当位置，以保持该表的有序性。

【解答】 在顺序表 va 中从表尾元素开始向前依次与 x 进行比较，如果当前位置元素比 x 大，则当前元素后移一个位置，直到找到插入位置(即当前元素小于等于 x)，或者比较到第一个元素。

算法如下：

```
int Insert_SeqList(SeqList *va, int x)
{  int i;
   if (va->last+1>MAXSIZE) return 0;              /*表已满*/
      va->last++;
   for (i=va->last-1; va->elem[i]>x &&i>=0; i--)   /*查找插入位置*/
      va->elem[i+1]=va->elem[i];
   va->elem[i]=x;
   return 1;
}
```

15．文字接龙是中国特有的一种文字游戏。现有两个字符串分别存放在两个单链表中，已知指针 L1、L2 分别指向这两个单链表的头结点，并且两个单链表的长度分别为 m 和 n。试设计一算法将这两个单链表连接在一起(即令其中一个单链表的第一个元素结点连在另一个单链表的最后一个元素结点之后)。要求算法以尽可能短的时间完成连接运算，请分析算法的时间复杂度。

【解答】 由于要进行的是两个单链表的连接，因此应找到放在前面的那个单链表的表尾结点，再将另一个单链表的开始结点链接到前面单链表的最后一个结点之后。该算法的主要时间消耗用在寻找第一个单链表的尾结点上。对这两个单链表的连接顺序无要求，并且已知两个单链表的表长，则为了提高算法效率，可选表长小的单链表在前的方式连接。其过程如图 2.27 所示。

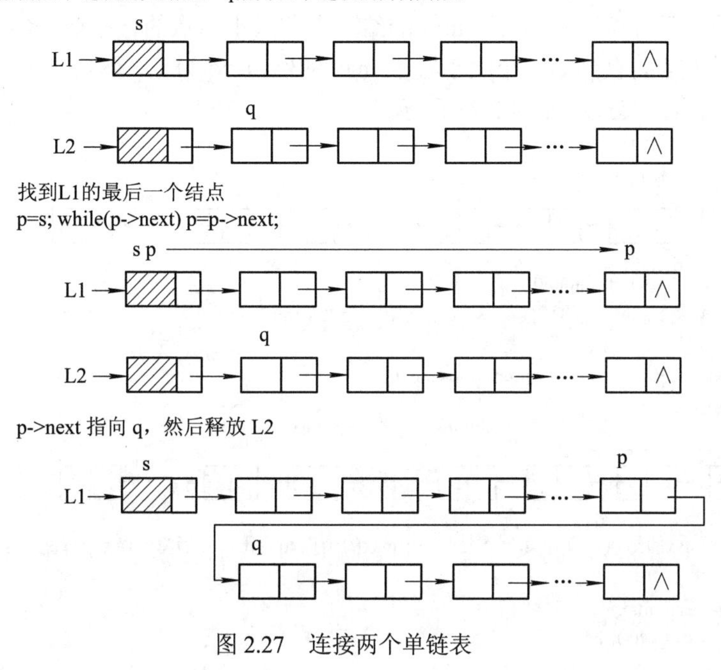

图 2.27　连接两个单链表

算法如下：

```
LinkList Link( LinkList L1 , LinkList L2，int m, int n )
{  /*将两个单链表连接在一起*/
   ListNode *p , *q, *s ;                /*s 指向短单链表的头结点，q 指向长单链表的开始结点，
                                           回收长单链表头结点空间*/
   if (m<=n)
   { s=L1; q=L2->next; free(L2); }
   else
   { s=L2; q=L1->next; free(L1); }
   p=s;
   while(p->next) p=p->next;             /*查找短单链表的终端结点*/
   p->next = q;                          /*将长单链表的开始结点链接在短单链表的终端结点之后*/
```

```
        return s;
    }
```

本算法的主要操作时间用在查找短单链表的终端结点上，所以本算法的时间复杂度为O(min(m, n))。

16．已知单链表 L 是一个递增有序表，试设计一高效算法删除表中值大于 min 且小于 max 的结点(若表中有这样的结点)，同时释放被删结点的空间(这里 min 和 max 是两个给定的参数)，并分析算法的时间复杂度。

【解答】 解这样的问题，首先想到的是将单链表中的元素逐个与 min 和 max 比较，然后删除这个结点。由于单链表是有序的，因此介于 min 和 max 之间的结点必为连续的一段元素序列，所以可先找到所有大于 min 的结点中的最小结点的直接前驱结点 *p，再依次删除小于 max 的结点，直到第一个大于等于 max 的结点 *q 为止，然后将 *p 结点的直接后继指针指向 *q 结点。其过程如图 2.28 所示。

初始单链表，按值递增有序

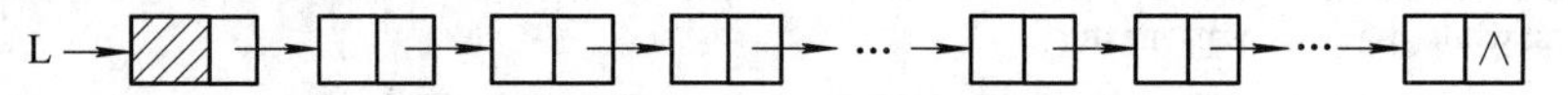

先在单链表中找到值大于min的结点
p指向第一个不大于min结点的直接前驱，q指向第一个大于min的结点

```
p=L;
while(p->next && p->next->data<=min) p=p->next;
q=p->next;
```

>min <max >max
p p q
L

依次删除小于max的结点，直到第一个大于等于max的结点*q为止，然后将*p结点的直接后继指针指向*q结点

```
while(q&&q->data<max)
{ s=q; q=q->next; free(s); }
```

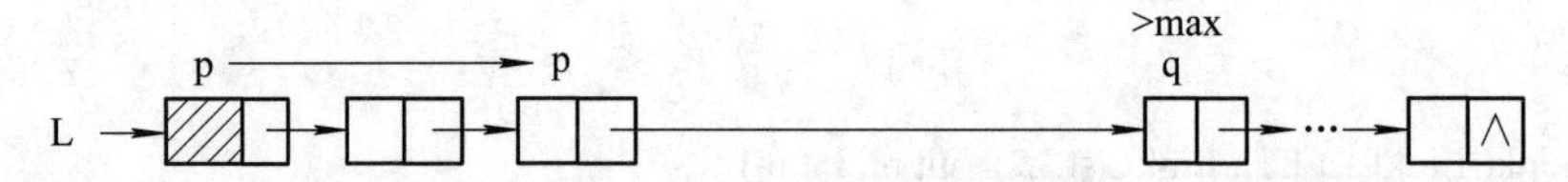

图 2.28 删除单链表中值大于 min 且小于 max 的结点

算法如下：

```
void DeleteList(LinkList L, DataType min, DataType max)
{   ListNode *p, *q, *s;
    p=L;
    while(p->next&& p->next->data<=min)          /*寻找比 min 大的前一个元素的位置*/
        p=p->next;
    q=p->next;   /*p 指向第一个不大于 min 结点的直接前驱，q 指向第一个大于 min 的结点*/
    while(q&&q->data<max)
    {   s=q;
        q=q->next;
```

```
            free(s);    /*删除结点，释放空间*/
        }
        p->next=q;    /*将*p 结点的直接后继指针指向*q 结点*/
    }
```

17．假设有两个按元素值递增有序排列的线性表 A 和 B，均以单链表作为存储结构，请设计一算法将 A 表和 B 表归并成一个按元素值递减有序(即非递增有序，允许表中含有值相同的元素)排列的线性表 C，并要求利用原表(即 A 表和 B 表)的结点空间构造 C 表。

【解答】 根据已知条件，A 和 B 是两个递增有序表，所以可以先取 A 表的表头建立空的 C 表。然后同时扫描 A 表和 B 表，将两表中最小的结点从对应表中摘下，并作为开始结点插入 C 表中。如此反复，直到 A 表或 B 表为空。最后将不为空的 A 表或 B 表中的结点依次摘下并作为开始结点插入 C 表中。这时，得到的 C 表就是由 A 表和 B 表归并成的一个按元素值递减有序的单链表 C，并且附加空间为 O(1)。

算法如下：

```
LinkList MergeSort(LinkList A, LinkList B)
{ /*归并两个带头结点的递增有序表为一个带头结点递减有序表*/
   ListNode *pa , *pb , *q , *C ;
   pa=A->next;                   /*pa 指向 A 表的开始结点*/
   C=A; C->next=NULL;            /*取 A 表的表头建立空的 C 表*/
   pb=B->next;                   /*pb 指向 B 表的开始结点*/
   free(B);                      /*回收 B 表的头结点空间*/
   while (pa&&pb)
   {  if ( pb->data >= pa->data )
      {  /*当 A 表中的元素小于等于 B 表中的当前元素时，q 指向 pa 结点，pa 指向其后继结点*/
         q=pa; pa=pa->next;
      }
      else
      {  /*当 A 表中的元素大于 B 表中的当前元素时，q 指向 pb 结点，pb 指向其后继结点*/
         q=pb; pb=pb->next;
      }
      q->next=C->next; C->next=q;     /*将结点 q 作为开始结点插入 C 表*/
   }
   while(pa)
   {  /*若 A 表非空，则处理 A 表*/
      q=pa; pa=pa->next;
      q->next=C->next; C->next=q;
   }
   while(pb)
   {  /*若 B 表非空，则处理 B 表*/
      q=pb; pa=pb->next;
```

```
        q->next=C->next; C->next=q;
    }
    return(C);
}
```

该算法的时间复杂度分析如下：算法中有三个 while 循环，其中第二个和第三个循环只执行一个。每个循环做的工作都是对链表中的结点进行扫描处理。整个算法完成后，A 表和 B 表中的每个结点都被处理了一遍。所以，若 A 表和 B 表的表长分别是 m 和 n，则该算法的时间复杂度为 O(m+n)。

18．李明同学利用单链表编写了一个文字统计小助手软件，该单链表中含有三类字符的数据元素(如字母字符、数字字符和其他字符)，现需要使该软件具备分离文字的功能，试设计一算法将该单链表分割为三个循环单链表，其中每个循环单链表表示的表中均只含一类字符。

【解答】 首先建立三个只有头结点的循环单链表，分别是字母循环单链表 A、数字循环单链表 B、其他字符循环单链表 C。然后，依次从已知单链表中读结点，如果结点的值域为字母，则将其插入字母循环单链表中；如果结点的值域为数字，则将其插入数字循环单链表中；如果结点的值域为其他字符，则将其插入其他字符循环单链表中。最后设置每个循环单链表的最后一个结点的指针域，让其指向头结点。

算法如下：

```
int LinkList_Divide(LinkList L,LinkList *A, LinkList *B, LinkList *C)
{   LinkList p, q, r, s;
    s=L->next;
    (*A)=(LinkList *)malloc(sizeof(LNode));
    p=(*A);            /*A 是字母循环单链表* /
    (*B)=( LinkList *)malloc(sizeof(LNode));
    q=(*B);            /*B 是数字循环单链表* /
    (*C)=( LinkList *)malloc(sizeof(LNode));
    r=(*C);            /*C 是其他字符循环单链表* /
    while(s)
    {  if((s->data)>= 'A '&&(s->data)<= 'Z '|| (s->data)>= 'a '&&(s->data)<= 'z ')    /*是字母*/
       {   p->next=s;
           p=s; }
      else
       if((s->data)>= '0 '&&(s->data)<= '9 ')     /*是数字* /
       {   q->next=s;
           q=s;    }
       else
       {   r->next=s;
           r=s;     }
       s=s->next;
```

```
        }
    p->next=(*A);           /*构成循环单链表*/
    q->next=(*B);           /*构成循环单链表*/
    r->next=(*C);           /*构成循环单链表*/
}
```

19. 设计一算法将单链表中值重复的结点删除，使所得的结果表中各结点值均不相同。

【解答】 先取第一个结点中的值，将它与其后的所有结点值一一比较，发现相同的就删除掉，再取第二个结点中的值，重复上述过程，直到最后一个结点为止。

算法如下：

```
void DeleteList ( LinkList L )
{  ListNode *p , *q , *s;
   p=L->next;
   while( p->next&&p->next->next)
   {  q=p;            /*由于要做删除操作，因此 q 指针指向要删除元素的直接前驱*/
      while (q->next)
      if (p->data==q->next->data)          /*删除与*p 的值相同的结点*/
      {  s=q->next;
         q->next=s->next;
         free(s);
      }
      else
         q=q->next;
      p=p->next;
   }
}
```

20. 设有一个双向链表，每个结点中除有 prior、data 和 next 三个域外，还有一个访问频度域 freq，在链表被启用之前，其值均初始化为 0。每当在链表进行一次 LocateNode(L, x)运算时，令元素值为 x 的结点中 freq 的值加 1，并调整表中结点的次序，使其按访问频度的递减序排列，以便使频繁访问的结点总是靠近表头。试设计一符合上述要求的 LocateNode 运算的算法。

【解答】 LocateNode 运算的基本思想就是在双向链表中查找值为 x 的结点，具体方法与在单链表中的一样。找到结点 *p 后给 freq 的值加 1。由于原来比 *p 结点查找频度高的结点都排在它前面，因此接下来要顺着前驱指针找到第一个频度小于或等于 *p 结点频度的结点 *q 后，将 *p 结点从原来的位置删除，并插入 *q 后。

算法如下：

```
typedef struct dlistnode
{  DataType data;
   struct dlistnode *prior, *next;
   int freq;
```

```
}DListNode, *DLinkList;                /*双向链表的存储结构*/
void LocateNode(DLinkList L, DataType x)
{  DListNode *p, *q;
   p=L->next;                          /*带有头结点*/
   while( p&&p->data!=x )   p=p->next;
   if (!p) printf("x is not in L");    /*双向链表中无值为 x 的结点*/
   else
   {  p->freq++;            /*freq 加 1*/
      q=p->prior;           /*以 q 为扫描指针寻找第一个频度大于或等于*p 频度的结点*/
      while(q!=L&&q->freq<p->freq)   q=q->prior;
      if (q->next!=p)       /*若*q 结点和*p 结点不为直接前驱直接后继关系，则将*p 结点
                              链到*q 结点后*/
      {  p->prior->next=p->next;      /*将*p 从原来位置摘下*/
         p->next->prior=p->prior;
         q->next->prior=p;            /*将*p 插入*q 之后*/
         p->next=q->next;
         q->next=p;
         p->prior=q;
      }
   }
}
```

21. 设以带头结点的双向链表表示的线性表为 L=(a_1, a_2, …, a_n)，试设计一时间复杂度为 O(n)的算法，将 L 改造为 L=(a_1, a_3, …, a_n, …, a_4, a_2)。

【解答】 将双向链表 L=(a_1, a_2, …, a_n)改造为(a_1, a_3, …, a_n, …, a_4, a_2)，也就是将序号为奇数的放在前面，序号为偶数的倒序放在后面。

算法如下：

```
Status ListChange_DuL(DLinkList *L)        /*DLinkList 是双向链表，与教材一致*/
{  int i;
   DLinkList p, q, r;
   p=L->next;                              /*p 指向第一个结点*/
   r=L->pre;                               /*r 指向最后一个结点*/
   i=1;                                    /*序号记录*/
   while(p!=r)
   {  if(i%2==0)
      {  q=p;
         p=p->next;
         q->pre->next=q->next;             /*删除结点 q*/
         q->next->pre=q->pre;
         q->pre=r->next->pre;              /*插入到头结点的左面*/
```

```
            r->next->pre=q;
            q->next=r->next;
            r->next=q;
        }
        else p=p->next;
        i++;
    }
    return OK;
}
```

22. 已知有一个循环单链表，其每个结点中均含有三个域：pre、data 和 next，其中 data 为数据域，next 为指向后继结点的指针域，pre 也为指针域，但它的值为空。试设计一算法将此循环单链表改为双向链表，即使 pre 成为指向前驱结点的指针域。

【解答】 算法如下：

```
ListCirToDu(DLinkList &L)
{   DLinkList p, q;
    q=L;
    p=L->next;
    while(p!=L)                     /*建立 p 与 q 之间的前驱链*/
    {   p->pre=q;
        q=p;
        p=p->next;
    }
    if(p==L) p->pre=q;              /*头结点 pre 指向最后一个结点*/
}
```

算法过程图示见图 2.29。

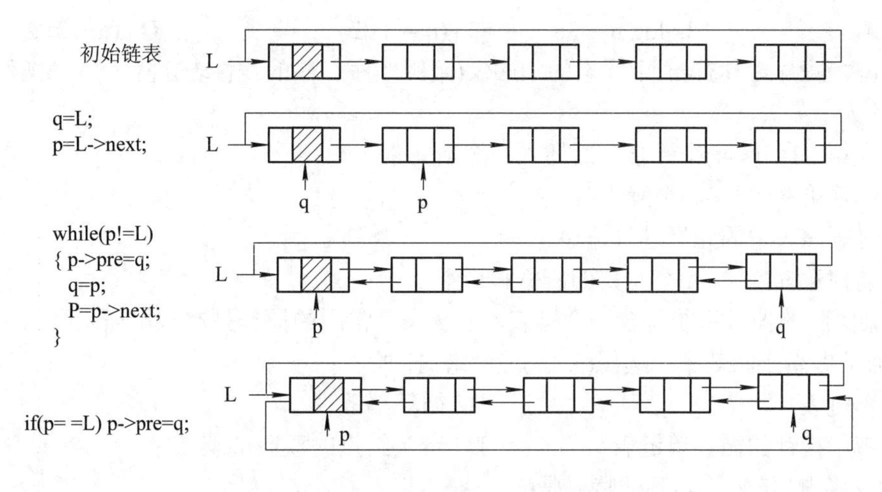

图 2.29　习题 22 算法过程图示

2.3 自 测 题

一、填空题

1．对于一个长度为 n 的顺序存储的线性表，在表头插入元素的时间复杂度为_______，在表尾插入元素的时间复杂度为________。

2. 在线性表的单链表存储结构中，每个结点包含两个域，一个叫_________，另一个叫__________。

3. 在双向链表中，表头结点的前驱指针域指向__________结点，最后一个结点的后继指针域指向__________结点。

4. 在以 HL 为表头指针的带表头结点的单链表和循环单链表中，链表为空的条件分别为____________________和_____________________。

5. 顺序表相对于链表的优点有_____________和_________________。

6. 当线性表的元素总数基本稳定，且很少进行插入和删除操作，但要求以最快的速度存取线性表中的元素时，应采用________存储结构。

7. 在单链表中设置头结点的作用是____。

8. 对于一个具有n个结点的单链表，在已知的结点*p后插入一个新结点的时间复杂度为__________。

二、单项选择题

1．(架构师面试题) 在一个长度为 n 的顺序存储线性表中，向第 i 个元素(1≤i≤n+1)之前插入一个新元素时，需要从后向前依次后移(　　)个元素。

A. n – i　　B. n – i + 1　　C. n – i – 1　　D. i

2．(软考题)含有 n 个元素的线性表采用顺序存储，等概率删除其中任意一个元素，平均需要移动(　　)个元素。

A. n　　B. log n　　C. (n – 1)/2　　D. (n + 2)/2

3．(软考题) 对具有 n 个元素的顺序表(采用顺序存储的线性表)进行(　　)操作，其耗时与 n 的大小无关。

A. 在第 i(1≤i≤n)个元素之后插入一个新元素

B. 删除第 i(1≤i≤n)个元素

C. 对顺序表中的元素进行排序

D. 访问第 i(1≤i≤n)个元素的前驱和后继

4. 某医院的挂号系统包含一个链表，该链表最常用的操作是在末尾插入结点和删除尾结点，为了提高排队效率，选用(　　)最节省时间。

A. 单链表　　B. 循环单链表

C. 带尾指针的循环单链表　　D. 带头结点的双向链表

5. (软考题) 链表不具备的特点是(　　)。

A. 可随机访问任何一个元素　　B. 插入、删除操作不需要移动元素

C. 无须事先估计存储空间的大小　　　D. 所需存储空间与线性表长度成正比

6. 在一个不带头结点的单链表 HL 中，在表头前插入一个由指针 p 指向的结点，则执行(　　)。

A. HL = p; p->next = HL;　　　B. p->next = HL; HL = p;

C. p->next = HL; p = HL;　　　D. p->next = HL->next; HL->next = p;

7. 设有指针 head 指向的带表头结点的单链表，现将指针 p 指向的结点插入表中，使之成为第一个结点，其操作是(　　)。

A. p->next=head->next; head->next=p;　　　B. p->next=head->next; head=p;

C. p->next=head; head=p;　　　D. p->next=head; p= head;

8. (软考题) 若在单链表上，除访问链表中所有结点外，还需在表尾频繁插入结点，则采用(　　)最节省时间。

A. 仅带尾指针的单链表　　　B. 仅带头指针的单链表

C. 仅带尾指针的循环单链表　　　D. 仅带头指针的循环单链表

参考答案

第三章 栈与队列

3.1 基本知识点

栈和队列是插入和删除操作受限的线性表。栈只允许在表的一端进行插入或删除操作；队列只允许在表的一端进行插入操作，在另一端进行删除操作。

以栈形式存储的数据要遵循先进后出的规则，而以队列形式存储的数据要遵循先进先出的规则。计算机的世界有规则，人类社会也需要规则，我们在行使个人权利、享有自由的同时，不能损害他人、集体和国家的利益，要严格遵守国家法律、法规，自觉维护社会秩序。

1. 栈

(1) 栈的特点：先进后出。

(2) 栈的存储结构：顺序栈、链栈。注意栈顶位置。

(3) 栈的应用：进行括号匹配、表达式求值，栈在递归中的应用。

2. 队列

(1) 队列的特点：先进先出。

(2) 队列的存储结构：顺序队列、循环队列、链队列。注意队头、队尾位置，循环队列如何判断队列空、队列满。

(3) 队列的应用：作业排队、树的层次遍历、图的广度优先遍历。

3.2 习题解析

1. 简述栈和线性表的差别，以及队列和线性表的差别。

【解答】 栈和队列是操作位置受限的线性表，即对插入和删除的位置加以限制。栈是只允许在表的一端进行插入或删除的线性表，因而是先进后出表。队列是只允许在表的一端进行插入操作，在另一端进行删除操作的线性表，因而是先进先出表。

2. 何谓队列的上溢出现象和假溢出现象？解决它们有哪些方法？

【解答】 在队列的顺序存储结构中，设头指针为 front，尾指针为 rear，队列的容量(存储空间的大小)为 m。当有元素加入到队列时，若 rear=m(初始时 rear=0)，则发生队列的上溢出现象，此时该元素不能加入到队列中。队列的假溢出现象即队列中还有空余空间，但元素不能进队列的现象。

解决队列上溢出的方法是建立一个足够大的存储空间，但这样做会导致空间的使用效率降低。

解决队列假溢出的方法有以下两种：

① 平移元素法：当删除一个队头元素时，依次移动队中的元素，始终使 front 指针指向队列中的第一个位置。

② 循环队列法：把队列看成一个头尾相邻的循环队列，虽然物理上队尾在队头之前，但逻辑上队头仍然在前，进行插入和删除操作时仍按“先进先出”的原则。

3．试各举一个实例，简要阐述栈和队列在程序设计中所起的作用。

【解答】 栈的特点是先进后出，所以在解决实际问题涉及后进先出的情况时，可以考虑使用栈。例如，表达式的括号匹配问题可利用“期待的急迫程度”这个概念来描述：在具体实现中，设置一个栈，每读入一个括号，若是右括号，则或者是置于栈顶的最急迫的期待得以消解，或者是不合法的情况；若是左括号，则作为一个新的更急迫的期待压入栈中，使原有的在栈中的所有未消解的期待的急迫程度都降了一级。

队列的特点是先进先出。例如，操作系统中的作业排队，在允许多道程序运行的计算机系统中，同时有几个作业运行，如果运行的结果都需要通过通道输出，则按请求输出的先后次序排队。每当通道传输完毕并可以接受新的输出任务时，队头的作业先从队列中退出作输出操作。凡是申请输出的作业都从队尾进入队列。

4. 链栈中为何不设置头结点?

【解答】 链栈不需要在头部附加头结点，因为链栈都是在头部进行操作的，如果加了头结点，则要对头结点之后的结点进行操作，这样会使算法更复杂，所以只要有链表的头指针即可。

5. 循环队列的优点是什么? 如何判别它的空和满?

【解答】 循环队列的优点是：它可以克服顺序队列的“假溢出”现象，能够使存储队列的向量空间得到充分利用。

循环队列的“空”或“满”不能以头、尾指针是否相等来判别，而应通过以下几种方法来判别：

① 另设一布尔变量来判别队列的空和满。

② 少用一个元素的空间，每次入队列前测试入队列后头、尾指针是否会重合，如果会重合，就认为队列已满。

③ 设置一计数器，用于记录队列中元素的总数，这样做不仅可判别队列的空或满，还可以得到队列中元素的个数。

6. 设长度为 n 的队列用循环单链表表示，若只设头指针，则入队列、出队列操作的时间复杂度为多少? 若只设尾指针，又怎样?

【解答】 若只设头指针，则出队列的时间复杂度为 O(1)，而入队列的时间复杂度为 O(n)。因为每次入队列均需从头指针开始查找，找到最后一个元素时方可进行入队列操作。若只设尾指针，则入队列、出队列的时间复杂度均为 O(1)。因为是循环单链表，尾指针所指的下一个元素就是头指针所指元素，所以出队列时不需要遍历整个队列。

7. 假设火车调度站的入口处有 n 节硬席或软席车厢(分别以 H 和 S 表示)等待调度，试设计算法，输出对这 n 节车厢进行调度的操作(即入栈或出栈操作)序列，以使所有的软席车厢都被调整到硬席车厢之前。

【解答】 根据题意，设计的算法如下：

```
#define StackSize 100                    /*定义预分配的栈空间为 100 个元素*/
typedef char DataType;                   /*定义栈元素的数据类型为字符*/
typedef struct
{  DataType data[StackSize];
   int top;
}SeqStack;                               /*顺序栈(后面顺序栈均用此结构)*/
void Train_arrange(char *train)
/*这里用字符串 train 表示火车车厢, H 表示硬席, S 表示软席*/
{  SeqStack  S;
   char *p, *q ;
   p=train; q=train;
   S->top=-1;                   /*初始化栈 S*/
   while(*p)
   {  if(*p= ='H')
      {  if (S->top< StackSize-1) S->data[++S->top]=*p;     /*将*p 入栈*/
         else
         {  printf("Stack Overflow! ") ;                    /*栈满溢出*/
            exit; }
      }
      else printf("%c", *p);                                /*将软席车厢输出*/
        p++;
   }
   while(S->top>-1)                                         /*栈非空*/
   {  pop(S, c);
      printf("%c", c);   }
}
```

8. 回文是指正读和反读均相同的字符序列，如“abba”和“abdba”均是回文，但“good”不是回文。试设计一个算法，判定给定的字符向量是否为回文。(提示：将一半字符入栈)

【解答】 根据提示，设计的算法如下：

```
int IsHuiwen(char *t)
{  /*判断 t 字符向量是否为回文，若是，则返回 1，否则返回 0*/
   SeqStack S;                               /*SeqStack 为顺序栈*/
   int i, b, len;
   char temp;
   S->top=-1;                                /*初始化栈 S */
   len=strlen(t);                            /*求向量长度*/
```

```
    for (i=0; i<len/2; i++)                     /*将一半字符入栈*/
    {  if (S->top< StackSize-1)
           S->data[++S->top]= t[i];
       else
       {  printf("Stack Overflow! ");           /*栈满溢出*/
           exit; }
    }
    if (len%2= =1) i++;
    while( S->top>-1)                           /*栈不空*/
    {  /*每弹出一个字符，就将其与相应字符做比较*/
       temp=S->data[S->top--];
       if(temp!=t[i])  return 0 ;               /*不等，则返回 0*/
       else i++;
    }
    return 1 ;                                  /*比较完毕均相等，则返回 1*/
}
```

9. 已知一个字符数组，设计一个高效算法，判断该数组中存放的字符串中左括号“(”和右括号“)”是否匹配，并分析算法性能。

【解答】 对表达式进行扫描，凡遇到“(”就进栈，遇到“)”就退掉栈顶的“(”。表达式被扫描完毕，栈应为空。设计的算法如下：

```
int PairBracket(char *SR)
{  /*检查表达式 SR 中的括号是否匹配*/
   int i;
   SeqStack S;                                  /*栈 SeqStack 如前题所示 */
   InitStack (&S);                              /*初始化栈*/
   for (i=0; i<strlen(SR) ; i++)
   {   if ( S[i]= ='(' ) Push(&S, SR[i]);       /*遇(时进栈*/
         if ( S[i]= =')' )                      /*遇)*/
           if (!StackEmpty(S))                  /*栈不为空时，将栈顶元素出栈*/
             Pop(&S);
       else return 0;                           /*不匹配，返回 0*/
   }
   if EmptyStack(&S) return 1;                  /*匹配，返回 1*/
   else return 0;                               /*不匹配，返回 0*/
}
```

10. 新时代提倡生活中低碳出行，响应绿色环保，实行节能减排、双碳计划。在计算机数据结构存储过程中，节省存储空间也必不可少，循环队列就是对队列的优化，其目的是降低空间浪费，提高存储空间的利用率。假设循环队列中只设 rear 和 quelen 来分别指示队尾元素的位置和队中元素的个数，试给出判别此循环队列的队列满条件，并写出相应的入队列和出队列算法，要求出队列时需返回队头元素。

【解答】 根据题意，可定义该循环队列的存储结构为

```
#define QueueSize 100
typedef char Datatype ;              /*设元素的类型为 char 型*/
typedef struct
{   int quelen;
    int rear;
    Datatype Data[QueueSize];
}CirQueue;
CirQueue *Q;
```

循环队列的队满条件为

```
Q->quelen==QueueSize;
```

知道了尾指针和元素个数，就能计算出队头元素的位置。算法如下：

(1) 判断队列满。

```
int FullQueue(CirQueue *Q)    /*判断队列满，队列中元素个数等于空间大小*/
{   return Q->quelen==QueueSize; }
```

(2) 入队列。

```
void EnQueue(CirQueue *Q, Datatype x)
{   if(FullQueue(Q))
        printf("队列已满，无法入队列");
    Q->rear=(Q->rear+1)%QueueSize;
    Q->Data[Q->rear]=x;
    Q->quelen++;
}
```

(3) 出队列。

```
Datatype DeQueue(CirQueue *Q)
{   int tmpfront;              /*设一个临时队头指针*/
    if(Q->quelen= =0)
        printf("队列已空，无元素可出队列");
    tmpfront=(QueueSize+Q->rear-Q->quelen+1)%QueueSize;        /*计算头指针位置*/
    Q->quelen--;
    return Q->Data[tmpfront];
}
```

3.3 自 测 题

一、填空题

1. 线性表、栈和队列都是________结构，线性表可以在________位置插入和删除元素；对于栈，只能在________插入和删除元素；对于队列，只能在________插入和________

删除元素。

2. 栈是一种特殊的线性表，允许插入和删除运算的一端称为__________；不允许插入和删除运算的一端称为__________。

3. 解决计算机与打印机之间速度不匹配问题，需要设置一个数据缓冲区，且应是一个__________结构。

4. 循环队列用数组 A[0..m-1]存放其元素值，已知其头、尾指针分别是 front 和 rear，则当前队列的个数是______________________________。

5. 一个栈的输入序列是 1、2、3，则不可能的栈输出序列是__________。

6. 设有一个空栈，现有输入序列为 1、2、3、4、5，经过 push、push、pop、push、pop、push、push 之后，输出序列是____________。

7. 输入序列为 ABC，当变为 BCA 时，经过的栈操作为______________________。

8. 判别循环队列的满与空有两种方法，分别是____________________和________。

二、单项选择题

1. 表达式 a*(b+c)-d 的后缀表达式是(　　)。

A. abcd*+-　　B. -+*abcd　　C. abc*+d-　　D. abc+*d-

2. 在设计递归函数时，如果不用递归过程，则应借助数据结构(　　)。

A. 队列　　B. 线性表　　C. 广义表　　D. 栈

3. 栈中元素的进出原则是(　　)。

A. 先进先出　　B. 先进后出　　C. 栈空则进　　D. 栈满则出

4. 已知一个栈的入栈序列是 1，2，3，…，n，其输出序列为 p1，p2，p3，…，pn。若 p1 = n，则 pi 为(　　)。

A. i　　B. n = i　　C. n-i+1　　D. 不确定

5. 设最多有 m0 个元素，采用“少用一个元素空间”来判别队列空与队列满，那么判别一个循环队列 Q 为满的条件是(　　)。

A. Q->front= =Q->rear　　B. Q->front!= =Q->rear

C. Q->front= =(Q->rear+1)%m0　　D. Q->front != =(Q->rear+1)%m0

6. (软考题)下列数据结构具有记忆功能的是(　　)。

A. 栈　　B. 队列　　C. 顺序表　　D. 循环队列

参考答案

第四章　串

4.1 基本知识点

串是一种特殊的线性表，它的数据元素仅由字符组成。在一般线性表的基本操作中，大多以“单个元素”作为操作对象，而在串中，则是以“串的整体或一部分”作为操作对象。因此，一般线性表和串的操作有很大的不同，存在“共性与个性”的辩证关系。

1. 基本概念

本章需要掌握的基本概念有串、空串与空格串、串相等、子串、串连接、串替换等。

2. 存储结构

串的存储结构包括定长顺序串、堆串、块链串。

3. 基本操作

串的基本操作包括串赋值、求串长、求子串、定位函数。

4.2 习题解析

1. 串作为特殊的线性表在人工智能和机器学习领域中有特殊应用，它能直观处理文本、序列等信息。串是一种特殊的线性表，其特殊性表现在哪里？

【解答】串的特殊性表现在组成串的数据元素只能是字符。

2. 两个字符串相等的充分必要条件是什么？

【解答】两个字符串相等的充分必要条件是两串的长度相等且两串中对应位置的字符也相等。

3. 串常用的存储结构有哪些？

【解答】 串常用的存储结构有顺序存储结构和链式存储结构。

串的顺序存储是指用一组地址连续的存储单元来存储串值中的字符序列。在顺序存储结构中，可以在计算机中开辟一个存储串的自由存储区，即串的堆存储结构。

串的链式存储是指用不带头结点的单链表来存储串结点。具体实现时，每个结点既可以存放一个字符，也可以存放多个字符。每个结点称为块，整个链表称为块链结构。

4. 设主串 S = "aabaaabaaaababa"，模式串 T = "aabab"。请问：如何用最少的比较次数找到 T 在 S 中出现的位置？相应的比较次数是多少？

【解答】 朴素的模式匹配时间复杂度是 O(m × n)。KMP 算法有一定改进，时间复杂度达到 O(m + n)。本题也可采用从后面匹配的方法，即从右向左扫描，比较 6 次即可。另一种匹配方式是从左往右扫描，先比较模式串的最后一个字符，若不等，则模式串后移；若相等，则比较模式串的第一个字符，若第一个字符也相等，则从模式串的第二个字符开始，向右比较，直至相等或失败。若失败，模式串后移，再重复以上过程。按这种方法，本题需比较 18 次。

5. 给出模式串 T = "abaabcac"在 KMP 算法中的 next 函数值序列。

【解答】 函数值序列如下：

下标 i	1	2	3	4	5	6	7	8
字符串	a	b	a	a	b	c	a	c
next[i]	0	1	0	2	2	3	0	2

6. 已知 S ="(xyz)+*"，T ="(x+z)*y"。试利用连接、求子串和替换等基本运算，将 S 转化为 T。

【解答】 StrCat(S, T)：连接函数，将两个串连接成一个串。

SubString(S, i, j)：取子串函数，从串 S 的第 i 个字符开始，取连续 j 个字符形成子串。

StrReplace(S1, i, j, S2)：替换函数，用 S2 串替换 S1 串中从第 i 个字符开始的连续 j 个字符。

本题有多种解法，下面是其中的一种：

(1) S1 = SubString(S, 3, 1)　　//取出字符：y

(2) S2 = SubString(S, 6, 1)　　//取出字符：+

(3) S3 = SubString(S, 1, 5)　　//取出子串：(xyz)

(4) S4 = SubString(S, 7, 1)　　//取出字符：*

(5) S5 = StrReplace(S3, 3, 1, S2)　　//形成部分串：(x+z)

(6) S6 = StrCat(S4, S1)　　//形成串：*y

(7) T = StrCat(S5, S6)　　//形成串：(x+z)*y

7. 下列程序用于判断字符串 S 是否对称，若对称，则返回 1，否则返回 0。如 f("abba")返回 1，f("abab")返回 0。请填空完善程序。

```
int f (______(1)______)
{   int i=0, j=0;
    while (s[j])
      ______(2)______;
    for(j--; i<j&&s[i]==s[j]; i++, j--);
       return(______(3)______)
}
```

【解答】 (1) char s[ ]；(2) j++；(3) i >= j。

8. 古代学者们手捧竹简，逐字逐句地研读比对，认真寻找文章的奥妙与异同。请设计一算法，实现顺序串的基本操作 StrCompare(S, T)，模拟古人的精细比对，检查两个顺序串 S 和 T 的内容是否一致，并比较它们的长度。

【解答】 若串 S 和 T 相等，则返回 0；若 S>T，则返回大于 0 的数；若 S<T，则返回小于 0 的数。

算法如下：

```
int StrCompare(SeqString S, SeqString T)
{   int i;
    for (i = 0; i <= S.last && i <= T.last; i++)        /*遍历两个字符串，直到任一字符串的末尾*/
    {   if (S.ch[i] != T.ch[i])                 /*如果两个字符串的对应字符不相等*/
            return (S.ch[i] - T.ch[i]);         /*返回两个字符的 ASCII 码的差值*/
    }
    return (S.last - T.last);                   /*若循环结束时还未找到不同的字符，则比较串的长度*/
}
```

9. 中华古诗词字句精练，意境深远。请设计一算法，寻找古诗词文字串 S 中首次与给定词句串 T 完全匹配的子串，并将 S 中该子串逆置(S 和 T 是顺序串)。

【解答】 首先判断串 T 是否为串 S 的子串，若串 T 是串 S 的子串，则将 S 中该子串逆置。

算法如下：

```
#define maxlen 100
typedef struct
{   char ch[maxlen];
    int last;                                           /*指向最后一个字符的位置*/
} Seqstring;
void reverseSubstring(char *str, int start, int end)    /*逆置字符串中指定范围的字符*/
{    while (start < end)
     {   char temp = str[start];
         str[start] = str[end];
         str[end] = temp;
         start++;
         end--;
     }
}
char *reverseMatchedSubstring(Seqstring S, Seqstring T) /*将串 S 中首次与串 T 匹配的子串逆置*/
{   int s_len = S.last + 1;                 /*获取串 S 的长度*/
    int t_len = T.last + 1;                 /*获取串 T 的长度*/
    int i = 0;
    while (i <= s_len - t_len)              /*在串 S 中搜索匹配的子串*/
    {   int j = 0;
        /*检查当前位置开始的子串是否与串 T 匹配*/
        while (j < t_len && S.ch[i + j] == T.ch[j])   j++;
        if (j == t_len)                     /*如果与串 T 匹配，则逆置该子串并返回结果*/
```

```
        {   reverseSubstring(S.ch, i, i + t_len - 1);
            return S.ch;
        }
        else  i++;                  /*否则，继续向后搜索*/
    }
    return "No match found";     /*如果找不到匹配的子串，则返回"No match found"*/
}
int main()
{   Seqstring S = {"abcdefg", 6};       /*初始化串 S，设置 last 为最后一个字符的位置*/
    Seqstring T = {"bcd", 2};           /*初始化串 T，设置 last 为最后一个字符的位置*/
    char *result = reverseMatchedSubstring(S, T);
    printf("%s\n", result);
    return 0;
}
```

10. 尊老爱幼是中华民族的传统美德，某社区服务站为了给社区老年人提供更贴心的服务，需要统计当前社区中所有年龄超过 60 岁的男、女性人数。现在需要在给定的社区人员登记表的某个基本信息字符串中进行统计，信息用长度为 12 的字符串表示，表示方式如下：前 8 个字符是社区人员的门牌号码，接下来的 1 个字符是社区人员的性别(F 代表女性，M 代表男性)，后 3 个数字字符是社区人员的年龄。请设计一算法，统计在给定的一系列基本信息字符串中严格大于 60 岁的男、女性人数。

【解答】 遍历每个信息字符串，解析其中的年龄和性别信息，统计年龄大于 60 岁的男、女性人数。

算法如下：

```
void countElderly(SeqString *info_strings, int size, int *male_count, int *female_count)
{     *male_count = 0;
      *female_count = 0;
      for (int i = 0; i < size; i++)                          /*解析信息字符串*/
      {   char house_number[9];
          char gender;
          int age;
          strncpy(house_number, info_strings[i], 8);       /*拷贝房号*/
          house_number[8] = '\0';
          gender = info_strings[i][8];
          age = atoi(info_strings[i] + 9);       /*利用 atoi()函数将剩下的字符串转换为整数*/
          if (age > 60)    /*统计年龄大于 60 岁的人数*/
          {  if (gender == 'M')    (*male_count)++;
             else
                 if (gender == 'F')   (*female_count)++;
          }
      }
}
```

4.3 自 测 题

一、填空题

1. 组成串的数据元素只能是________。

2. 两个字符串相等的充分必要条件是________________________________。

3. 空格串是指________________________________，其长度等于________。

二、单项选择题

1. (软考题) 下关于字符串的判定语句中正确的是(　　)。

A. 字符串是一种特殊的线性表　　B. 串的长度必须大于 0

C. 字符串不属于线性表的一种　　D. 空格字符组成的串就是空串

2. 若串 S1="ABCDEFG"，S2="9898"，S3="###"，S4="012345"，执行

concat(replace(S1, substr(S1, length(S2), length(S3)), S3), substr(S4, index(S2, '8'), length(S2)))

则其结果为(　　)。

A. ABC###G0123　　B. ABC###G1234

C. ABC###G2345　　D. ABCD###1234

3. (软考题) 字符串"software"中，其长度为 2 的子串共有(　　)个。

A. 4　　B. 7　　C. 28　　D. 56

4. 若 SubString(S，i，k)表示求 S 中从第 i 个字符开始的连续 k 个字符组成的子串的操作，则对于 S="Beijing＆Nanjing"，SubString(S，4，5)=(　　)。

A. "ijing"　　B. "jing＆"　　C. "ingNa"　　D. "ing＆N"

5. (软考题) 设有字符串 S 和 P，串的模式匹配是指确定(　　)。

A. P 在 S 中首次出现的位置　　B. S 和 P 是否能连接起来

C. S 和 P 能否互换　　D. S 和 P 是否相同

6. 已知串 S= "aaab"，其 next 数组值为(　　)。

A. 0023　　B. 1123　　C. 1231　　D. 1211

参考答案

第五章 数组和广义表

5.1 基本知识点

数组与广义表可视为线性表的推广。在线性表中，每个数据元素都是不可再分的原子类型；而数组与广义表中的数据元素可以推广到一种具有特定结构的数据。从线性表、栈、队列、串、数组到广义表，知识不断地在延伸。每一种数据结构都有其特点，希望同学们打好基础，“博观约取，厚积薄发”。

1．数组的定义和运算

二维数组可以定义为数据元素为一维数组的线性表。多维数组以此类推。

在数组上不能做插入、删除数据元素的操作。通常在各种高级语言中数组一旦被定义，每一维的大小及上下界都不能改变。在数组中通常做下面两种操作。

(1) 取值操作：给定一组下标，读其对应的数据元素。

(2) 赋值操作：给定一组下标，存储或修改与其相对应的数据元素。

2．数组的顺序存储和实现

(1) 以行为主序的存储方式。

(2) 以列为主序的存储方式。

(3) 数组元素的存取方法(以行为主序或以列为主序)。

3．特殊矩阵的压缩存储

(1) 三角矩阵(包括下三角矩阵、上三角矩阵)的特点及压缩存储方式。

(2) 对称矩阵的特点及压缩存储方式。

(3) (三对角)带状矩阵的特点及压缩存储方式。

4．稀疏矩阵的压缩存储方式

稀疏矩阵的压缩存储方式有三元组表和十字链表两种。

5．广义表

广义表拓宽了对表元素的限制，容许表中元素具有其自身结构(每个子表或元素也是线性结构)。

(1) 广义表的基本操作：包括取头操作、取尾操作。特别注意表头与表尾的定义，一个广义表可看作表头和表尾两部分。

(2) 广义表的存储结构：包括头、尾链表。

5.2 习题解析

1. 数组、广义表与线性表之间有什么样的关系？

【解答】 数组、广义表和线性表是数据结构中的基本概念。数组是由相同类型的元素按顺序排列而成的集合，通过索引(下标)访问，元素在内存中连续存储；线性表是有限序列，每个元素有唯一的前驱和后继，可以用数组或链表实现；广义表是线性表的推广，允许元素为原子或子表，结构类似树形结构。数组是线性表的具体实现方式，而广义表是更灵活的表达方式，可以包含原子和子表。

2. 设有三对角矩阵 $A_{n\times n}$(从 $A_{1,1}$ 开始)，将其三对角线上元素逐行存于数组 B[1..m]中，使 $B[k] = A_{i,j}$。

(1) 用 i、j 表示 k 的下标变换公式；

(2) 用 k 表示 i、j 的下标变换公式。

【解答】 (1) 在三对角矩阵中，除第一行和最后一行各有 2 个元素外，其余各行均有 3 个非零元素，所以共有 3n−2 个非零元素。

主对角线左下角的对角线上的元素的下标满足关系式 $i = j+1$，此时 $k = 3(i-1)$；

主对角线上的元素的下标满足关系式 $i = j$，此时 $k = 3(i-1)+1$；

主对角线右上角的对角线上的元素的下标满足关系式 $i = j-1$，此时 $k = 3(i-1)+2$。

综合起来得到

$$k=\begin{cases}3(i-1) & i=j+1\\ 3(i-1)+1 & i=j\\ 3(i-1)+2 & i=j-1\end{cases}$$

即 $k=2(i-1)+j$。

(2) k 与 i、j 的变换公式为

$$i=\lfloor k/3\rfloor+1$$

$$j=\lfloor k/3\rfloor+(k \bmod 3)\quad (\text{mod 表示求模运算})$$

3. 社会秩序和规则体现了个体与整体的关系，每个人都应遵守规则以维护整体的秩序。类似地，在数组中，每个元素都是整体的一部分，它们的位置和值相对于整体都具有特定的意义，必须按照规则进行管理和操作。设二维数组 $a_{5\times 6}$ 的每个元素占 4 个字节，已知 $Loc(a_{00}) = 1000$，问：

(1) a 共占多少个字节？

(2) a_{45} 的起始地址为多少？

(3) 按行和按列优先存储时，a_{25} 的起始地址分别为多少？

【解答】 (1) 因含 $5 \times 6 = 30$ 个元素，故 a 共占 $30 \times 4 = 120$ 个字节。

(2) a_{45} 的起始地址为

$$Loc(a_{45}) = Loc(a_{00}) + (i \times n + j) \times d = 1000 + (4 \times 6 + 5) \times 4 = 1116$$

(3) 按行优先存储时，有

$$a_{25} = 1000 + (2 \times 6 + 5) \times 4 = 1068$$

按列优先存储时(二维数组可用行列下标互换来计算)，有

$$a_{25} = 1000 + (5 \times 5 + 2) \times 4 = 1108$$

4. 对于特殊矩阵和稀疏矩阵，哪一种压缩存储后会失去随机存取的功能？为什么？

【解答】 稀疏矩阵在采用压缩存储后将会失去随机存取的功能。因为在这种矩阵中，非零元素的分布是没有规律的，为了压缩存储，就将每一个非零元素的值和它所在的行、列号作为一个结点存放在一起，这样的结点组成的线性表叫作三元组表，它已不是简单的向量，所以无法用下标直接存取矩阵中的元素。

5. 简述广义表和线性表的区别与联系。

【解答】 广义表是线性表的推广，线性表是广义表的特例。当广义表中的元素都是原子时，此表即为线性表。

6. 求下列广义表运算的结果：

(1) Head[((a, b), (c, d))]；

(2) Tail[((a, b), (c, d))]；

(3) Tail[Head[((a, b), (c, d))]]；

(4) Head[Tail[Head[((a, b), (c, d))]]]；

(5) Tail[Head[Tail[((a, b), (c, d))]]]。

【解答】 (1) Head[((a, b), (c, d))]=(a, b)

(2) Tail[((a, b), (c, d))]= ((c, d))

(3) Tail[Head[((a, b), (c, d))]] =(b)

(4) Head[Tail[Head[((a, b), (c, d))]]]= b

(5) Tail[Head[Tail[((a, b), (c, d))]]] =(d)

7. 利用广义表的Head和Tail运算，把原子d分别从广义表L1 = (((((a), b), d), e))，L2= (a, (b, ((d)), e))中分离出来。

【解答】　Head (Tail (Head (Head(L1))))= d

Head(Head(Head (Tail (Head (Tail(L2))))))= d

8. 合作共赢才能创造更多的成果，假设稀疏矩阵A和B代表两个团队各自岗位人员的能力，均以三元组顺序表作为存储结构，现在的目标是将这两个团队的能力合并，创造出更强大的团队力量。为了实现这个目标，将采用一种特殊的算法，把两个团队的对应岗位人员能力数字相加，然后存储在另一个三元组表C中，这个表将成为两个团队合作共赢的见证。试设计矩阵相加的算法。

【解答】 对矩阵的每一行值进行相加，在行相等的情况下，比较列。若A与B矩阵的列相同，则将A、B矩阵对应元素相加后放入C矩阵；若A矩阵的列号小于B矩阵的列号，则将A矩阵对应元素放入C矩阵中；若A矩阵的列号大于B矩阵的列号，则将B矩阵对应元素放入C矩阵中。

算法如下：

```
void TSMatrix_Add(SPMatrix A, SPMatrix B, SPMatrix *C)
{ C->m = A.m;                          /*结果矩阵的行数等于A的行数*/
```

```
C->n = A.n;                       /*结果矩阵的列数等于 A 的列数*/
C->len = 0;                       /*初始化结果矩阵非零元素的个数为 0*/
int pa = 1, pb = 1, pc = 1;       /*分别初始化 A、B、C 三个矩阵的当前三元组下标*/
int x;
for(x = 1; x <= A.m; x++)         /*遍历 A 矩阵的每一行*/
{  while(A.data[pa].row < x)  pa++;          /*跳过 A 中当前行之前的三元组*/
   while(B.data[pb].row < x)  pb++;          /*跳过 B 中当前行之前的三元组*/
   /*当 A、B 矩阵的当前行号相等且都有未处理完的三元组时*/
   while(A.data[pa].row == x && B.data[pb].row == x)
   {  if(A.data[pa].col == B.data[pb].col)       /*如果 A、B 矩阵的当前三元组列号相等*/
      {  ElementType ce = A.data[pa].e + B.data[pb].e;  /*计算 A、B 矩阵对应位置元素的和*/
         if(ce)                   /*如果和不为 0，则存入结果矩阵 C*/
         {  C->data[pc].row = x;
            C->data[pc].col = A.data[pa].col;
            C->data[pc].e = ce;
            pa++;  pb++;  pc++;
         }
      }
      else
        if (A.data[pa].col > B.data[pb].col)        /*如果 A 矩阵的列号大于 B 矩阵的列号*/
        {  /*将 B 矩阵的当前三元组存入结果矩阵 C */
           C->data[pc].row = x;
           C->data[pc].col = B.data[pb].col;
           C->data[pc].e = B.data[pb].e;
           pb++;    pc++;
        }
        else     /*如果 A 矩阵的列号小于 B 矩阵的列号*/
        {  /*将 A 矩阵的当前三元组存入结果矩阵 C*/
           C->data[pc].row = x;
           C->data[pc].col = A.data[pa].col;
           C->data[pc].e = A.data[pa].e;
           pa++;    pc++;
     }
   }
   while(A.data[pa].row == x)       /*如果 A 矩阵当前行还有未处理完的三元组*/
   {  /*将 A 矩阵的当前三元组存入结果矩阵 C */
      C->data[pc].row = x;
      C->data[pc].col = A.data[pa].col;
      C->data[pc].e = A.data[pa].e;
```

```
            pa++; pc++;
        }
        while(B.data[pb].row == x)    /*如果B矩阵当前行还有未处理完的三元组*/
        {  /*将B矩阵的当前三元组存入结果矩阵C */
            C->data[pc].row = x;
            C->data[pc].col = B.data[pb].col;
            C->data[pc].e = B.data[pb].e;
            pb++; pc++;
        }
    }
    C->len=pc;
}
```

9. 现在老师要统计班里所有学生的特长，以便有针对性地成立不同特长的兴趣小组，让学生在课外活动中发挥自己的独特才能。设二维数组 a[1..m, 1..n] 含有 m × n 个整数(m、n 表示教室中的 m 行 n 列)，代表每个学生的特长编号。

(1) 设计算法：判断 a 中所有元素是否互不相同，输出相关信息(yes/no)；

(2) 试分析算法的时间复杂度。

【解答】 (1) 算法设计如下：

```
void JudgeEqual(int arr[M][N], int m, int n)    /*M和N为宏定义常数，分别代表行数和列数值*/
{  int is_unique = 1;    /*假定开始时所有元素都是唯一的*/
   /*遍历数组中的每一个元素*/
   for(int i = 0; i < m && is_unique; i++)
   {  /*m=M，n=N，分别代表行数和列数变量*/
      for(int j = 0; j < n && is_unique; j++)
      { /*检查当前元素是否与数组中的其他所有元素都不同*/
         for(int k = 0; k < m; k++)
         {  for(int p = 0; p < n; p++)
            {  if((k != i || p != j) && arr[i][j] == arr[k][p])
               {  /*不要与自身比较*/
                  is_unique = 0;    /*发现重复，标记为非唯一*/
                  break;
               }
            }
         }
      }
   }
   /*根据is_unique的值输出Yes或No*/
   if(is_unique)
   {  printf("Yes\n");  }
```

```
    else
    {   printf("No\n");   }
}
```

(2) 要判断二维数组中元素是否互不相同，只有逐个比较，找到一对相等的元素，才可得出元素不是互不相同的结论。由于每个元素要同二维数组中的其他所有元素比较一次，因此时间复杂度为 O(m×n×m×n)。

思考：该算法不是最优的，读者可否给出最优算法？

10. 某企业进行笔试，为了体现考试的公平性，需要对应聘人员的笔试座位进行调整。假设每位应聘人员的原始信息记录在数组 A[1..100] 中，而他们新的考试座位信息记录在整数数组 B[1..100]中。现在需要按照数组 B 的内容调整每位应聘人员的座位，比如当 B[1] = 11 时，要求将 A[1]的内容调整到 A[11] 中去。请设计一个实现上述功能的算法。规定可使用的附加空间为 O(1)。

【解答】 题目要求按 B 数组内容调整 A 数组中记录的次序，可以从 i = 1 开始，检查 B[i] 是否等于 i，若是，则 A[i] 恰为正确位置，无需再调整；若不是，即 B[i] = k ≠ i，则将 A[i] 和 A[k]对调，B[i] 和 B[k] 对调，直到 B[i] = i 为止。

算法如下：

```
#include <stdio.h>
void CountSort (int A[], int B[],int n)
/*A 是记录的数组，B 是整数数组，本算法利用数组 B 对 A 进行排序*/
{   int i, j,k;
    int r0;
    i=1;
    while(i<n)
    {   if(B[i]!=i)   /*若 B[i]=i，则 A[i]正好在自己的位置上，不需要调整*/
        {   j=i;
            while (B[j]!=i)
            {   k=B[j]; B[j]=B[k]; B[k]=k;            /* B[j]和 B[k]交换*/
                r0=A[j]; A[j]=A[k]; A[k]=r0;          /*A[j]和 A[k]交换*/
            }
        }
        i++;
    }   /*完成了一个小循环，第 i 个已经安排好*/
}
```

5.3 自 测 题

一、填空题

1. 假设有二维数组 a[0..6, 0..8]，每个元素用相邻的 6 个字节存储，存储器按字节编址。

已知 a 的起始存储位置(基地址)为 1000，则数组 a 的体积(存储量)为__________，元素 a[5, 7]的第一个字节地址为_________；若按行存储，则元素 a[1, 4]的第一个字节地址为__________；若按列存储，则元素 a[4, 7]的第一个字节地址为_____________。

2. 已知三对角矩阵 a[1..9, 1..9]的每个元素占 2 个单元，现将其三条对角线上的元素逐行存储在起始地址为 1000 的连续的内存单元中，则元素 a[7, 8]的地址为_____________。

3. 稀疏矩阵指的是____。

4. 在稀疏矩阵的十字链表存储中，每个结点的 down 指针域指向_________相同的下一个结点，right 指针域指向_________相同的下一个结点。

5. 三元组表中的每个结点对应于稀疏矩阵的一个非零元素，它包含有三个数据项，分别表示该元素的_____________、_____________和_____________。

6. 当广义表中的每个元素都是原子时，广义表便成了________。

7. 广义表(a, (a, b), d, e, ((i, j), k))的长度是________，深度是________。

8. 已知广义表 LS=(a, (b, c, d), e)，运用 Head()和 Tail()函数取出 LS 中原子 b 的运算是______________________。

二、单项选择题

1. 假设有 60 行 70 列的二维数组 a[1..60, 1..70]以列序为主序顺序存储，其基地址为 10 000，每个元素占 2 个存储单元，那么第 32 行第 58 列的元素 a[32, 58]的存储地址为(　　)。(无第 0 行第 0 列元素)

A. 16 902　　B. 16 904　　C. 14 454　　D. A、B、C 均不对

2. 已知 A 是一个对称矩阵，为了节省存储空间，将其下三角部分按行序存放在一维数组 B[1, n(n-1)/2]中，对下三角部分中任一元素 $a_{i,j}$(i≤j)，在一维数组 B 中某下标为 k 的值是(　　)。

A. i(i-1)/2+j-1　　B. i(i-1)/2+j　　C. i(i+1)/2+j-1　　D. i(i+1)/2+j

3. 二维数组 a[10..20, 5..10]按行优先存储，每个元素占 4 个存储单元，a[10, 5]的存储地址是 1000，则元素 a[15, 10]的存储地址是(　　)。

A. 1136　　B. 1140　　C. 1144　　D. 1148

4. 对特殊矩阵采用压缩存储主要是为了(　　)。

A. 使表达变得简单　　B. 使矩阵元素的存取变得简单

C. 去掉矩阵中的多余元素　　D. 减少不必要的存储空间

5. 将 10 阶对称矩阵压缩存储到一维数组 A 中，则数组 A 的长度最少为(　　)。

A. 100　　B. 40　　C. 55　　D. 80

6. (考研题)将一个 10×10 对称矩阵 M 的上三角部分的元素 $m_{i,j}$(1≤i≤j≤10)按列优先存入 C 语言的一维数组 N 中，元素 $m_{7,2}$ 在 N 中的下标是(　　)。

A. 18　　B. 16　　C. 22　　D. 23

7. 在稀疏矩阵的带行指针向量的十字链表存储中，每行单链表中的结点都具有相同的(　　)。

A. 行号　　B. 列号　　C. 元素值　　D. 地址

8. 数组 A 中，每个元素的长度为 3 个字节，行下标 i 从 1 到 8，列下标 j 从 1 到 10，

从首地址 SA 开始连续存放在存储器内，该数组按行存放时，元素 A[8, 5]的起始地址为(　　)。

A. SA + 141　　B. SA + 144　　C. SA + 222　　D. SA + 225

9. 稀疏矩阵一般的压缩存储方式有两种，即(　　)。

A. 二维数组和三维数组　　B. 三元组表和散列表

C. 散列表和十字链表　　D. 三元组表和十字链表

10. 若广义表 A=((x,(a,B)),(x,(a,B),y))，则运算 Head(Head(Tail(A)))的结果为(　　)。

A. x　　B. (a, B)　　C. (x,(a,B))　　D. A

参考答案

第六章　二叉树与树

6.1　基本知识点

树在秋季逐渐“凋零”，在冬季肃穆伫立，在春季复苏再生，在夏季则郁郁葱葱。如果没有了树，没有了绿色植物，世界将是不可想象的。树与人类的生存和发展息息相关。随着社会的发展，人们也赋予了树以丰富的文化内涵。

在数据结构中，树是一类重要的非线性数据结构，它是以分支关系定义的层次结构，展现了数据元素之间的一种层次关系。

1．二叉树与基本术语

二叉树是 $n(n \geqslant 0)$个数据元素的有限集合，该集合或者为空，或者由一个称为根(root)的元素及两个不相交的、被分别称为左子树和右子树的二叉树组成。

相关术语：根结点、双亲结点、孩子结点、结点的度、叶子结点(也称为终端结点)、分支结点(也称为非终端结点)、兄弟结点、祖先结点、子孙结点、二叉树的度、结点的层次、二叉树的高度(深度)、完全二叉树、满二叉树。

2．二叉树的五大性质

性质 1：一棵非空二叉树的第 i 层上最多有 2^{i-1} 个结点($i \geqslant 1$)。

性质 2：一棵深度为 k 的二叉树中，最多有 2^k-1 个结点。

性质 3：对于一棵非空的二叉树，如果叶子结点数为 n_0，度数为 2 的结点数为 n_2，则有 $n_0=n_2+1$。

性质 4：具有 n 个结点的完全二叉树的深度 k 为 $\lfloor \text{lb}n \rfloor+1$。

性质 5：对于具有 n 个结点的完全二叉树，如果按照从上到下和从左到右的顺序对二叉树中的所有结点从 1 开始顺序编号，则对于任意的序号为 i 的结点，有

(1) 如果 $i>1$，则序号为 i 的结点的双亲结点的序号为 i/2(“/”表示整除)；如果 $i=1$，则序号为 i 的结点是根结点，无双亲结点。

(2) 如果 $2i \leqslant n$，则序号为 i 的结点的左孩子结点的序号为 2i；如果 $2i>n$，则序号为 i 的结点无左孩子结点。

(3) 如果 $2i+1 \leqslant n$，则序号为 i 的结点的右孩子结点的序号为 2i+1；如果 $2i+1>n$，则序号为 i 的结点无右孩子结点。

3．二叉树的存储结构

二叉树的存储结构有顺序存储结构和链式存储结构两种。其中：顺序存储结构适合于

存储完全二叉树；链式存储结构分为二叉链表和三叉链表。

4．二叉树的遍历与线索化

(1) 二叉树的遍历：按照一定规律对二叉树中的每个结点访问且仅访问一次。

(2) 二叉树遍历的递归算法：先、中和后序遍历算法。其划分的依据是视每个算法中对根结点数据的访问顺序而定。

(3) 二叉树的确定：由二叉树的遍历的先序和中序序列或后序和中序序列可以唯一确定一棵二叉树；由先序和后序序列不能唯一确定一棵二叉树。

(4) 线索二叉树的特点：利用二叉链表中的空链域，将遍历过程中结点的前驱、后继信息保存下来。

(5) 二叉树线索化的实质：建立结点在相应序列(先、中或后序)中的前驱和后继之间的直接联系。

5．树、森林

(1) 树的存储方式：双亲表示法、孩子表示法、双亲孩子表示法、孩子-兄弟表示法。

(2) 树的遍历：先根遍历、后根遍历。

(3) 森林的遍历：先序遍历、中序遍历、后序遍历。

(4) 二叉树、树与森林的遍历算法的联系：二叉树、树与森林之间的关系是通过二叉链表建立起来的。二叉树使用二叉链表分别存放它的左、右孩子结点；树利用二叉链表存储第一个孩子及下一个兄弟结点(称孩子-兄弟链表)；森林也是利用二叉链表来存储孩子及兄弟结点的。

6．哈夫曼树及其应用

(1) 相关术语：路径和路径长度、结点的权和带权路径长度、树的带权路径长度。

(2) 哈夫曼树(也称最优二叉树)的定义：对于一组带有确定权值的叶子结点，构造的具有最小带权路径长度的二叉树。

(3) 哈夫曼树的应用：设计哈夫曼编码。

6.2 习题解析

1. 一棵度为 2 的有序树与一棵二叉树有何区别？树与二叉树之间有何区别？

【解答】 一棵度为 2 的有序树与一棵二叉树的区别在于：有序树的结点次序是相对于另一结点而言的，如果有序树中的子树只有一个孩子结点，则无需区分这个孩子结点的左右次序。而二叉树无论其孩子结点数是否为 2，均需确定其左右次序，也就是说，二叉树的结点次序不是相对于另一结点而言的。

树与二叉树的区别如下：

(1) 二叉树的结点至多有两棵子树，树则不然；

(2) 二叉树的结点的子树有左右之分，树则不一定，有序树的子树才分次序。

2. 分别画出具有 3 个结点的树和 3 个结点的二叉树的所有不同形态。

【解答】 具有 3 个结点的树有 2 种形态，如图 6.1(a)所示；具有 3 个结点的二叉树有

5 种形态，如图 6.1(b)所示。

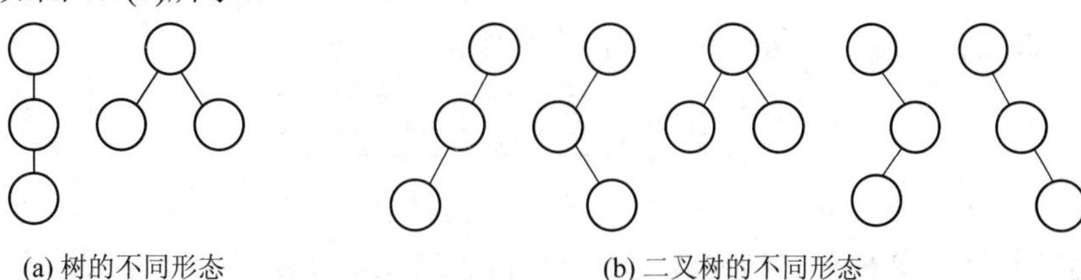

(a) 树的不同形态　　(b) 二叉树的不同形态

图 6.1　树与二叉树的不同形态

3. 一棵有 n 个结点的完全二叉树，按层次从上到下、同一层从左到右的顺序存储在一维数组 A[1..n]中，则二叉树中第 i 个结点(i 从 1 开始用上述方法编号)的左孩子、右孩子、双亲结点在数组 A 中的位置是什么？

【解答】 本题考查二叉树的性质 5。

对于具有 n 个结点的完全二叉树，如果按照从上到下和从左到右的顺序对二叉树中的所有结点从 1 开始顺序编号，则对于任意的序号为 i 的结点，有

(1) 如果 i > 1，则序号为 i 的结点的双亲结点的序号为 i/2(“/”表示整除)；如果 i = 1，则序号为 i 的结点是根结点，无双亲结点。

(2) 如果 2i≤n，则序号为 i 的结点的左孩子结点的序号为 2i；如果 2i > n，则序号为 i 的结点无左孩子结点。

(3) 如果 2i+1≤n，则序号为 i 的结点的右孩子结点的序号为 2i+1；如果 2i + 1 > n，则序号为 i 的结点无右孩子结点。

4. 引入线索二叉树的目的是什么？

【解答】 按照某种遍历方式对二叉树进行遍历，可以把二叉树中的所有结点排列为一个线性序列。在该序列中，除第一个结点外，每个结点有且仅有一个直接前驱结点；除最后一个结点外，每个结点有且仅有一个直接后继结点。但是，二叉树中每个结点在这个序列中的直接前驱结点和直接后继结点是什么，二叉树的存储结构中并没有反映出来，只能在对二叉树遍历的动态过程中得到这些信息。为了保留结点在某种遍历序列中直接前驱和直接后继的位置信息，可以利用二叉树的二叉链表存储结构中的那些空指针域来指示。这些指向直接前驱结点和指向直接后继结点的指针被称为线索(thread)，加了线索的二叉树称为线索二叉树。

5. 讨论树、森林和二叉树的关系的目的是什么？

【解答】 目的是借助二叉树的存储结构及运算方法来实现对树、森林的存储及运算。

6. 二叉树、树的存储结构各有哪几种？各自的特点是什么？

【解答】 二叉树的存储结构有顺序存储结构和链式存储结构两种。

(1) 顺序存储结构：用一组连续的存储单元存放二叉树中的结点。完全二叉树和满二叉树采用顺序存储比较合适，树中结点的序号可以反映出结点之间的逻辑关系。

(2) 链式存储结构：有两种，即二叉链表存储结构和三叉链表存储结构。

① 二叉链表存储结构：每个结点最多有两个孩子结点和一个双亲结点，适合查找孩子结点。结点的存储结构为

lchild	data	rchild

其中，data 域用于存放结点的数据信息；lchild 与 rchild 分别用于存放指向左孩子结点和右

孩子结点的指针，当左孩子结点或右孩子结点不存在时，相应指针域值为空。

② 三叉链表存储结构：每个结点由四个域组成，具体结构为

lchild	data	rchild	parent

其中，data、lchild 以及 rchild 三个域的意义同二叉链表存储结构；parent 域为指向该结点的双亲结点的指针。这种存储结构既便于查找孩子结点，又便于查找双亲结点；但是，相对于二叉链表存储结构而言，它增加了空间开销。

尽管在二叉链表中无法由结点直接找到其双亲结点，但二叉链表存储结构灵活，操作方便，对于一般情况的二叉树，甚至比顺序存储结构还节省空间。因此，二叉链表是最常用的二叉树存储方式。

树的存储结构也有顺序存储结构和链式存储结构两种。常用的树的存储方式有双亲表示法、孩子表示法、双亲孩子表示法和孩子-兄弟表示法。

(1) 双亲表示法：用一组连续的存储空间存储树中的各个结点，同时在每个结点中附设一个指示器，用于指示其双亲结点在数组中的位置。用树的双亲表示法查找某结点的双亲结点和根结点很方便，但在查找某结点的孩子结点时需遍历整个数组，查找某结点的兄弟结点也比较困难。

(2) 孩子表示法：有两种，即孩子链表表示法和多重链表表示法。孩子链表表示法是把每个结点的孩子结点排列起来，以单链表作为存储结构，则 n 个结点就有 n 个孩子链表。多重链表表示法中，树中的每个结点有多个指针域，形成了多条链表。用孩子表示法查找某结点的双亲结点比较困难，查找孩子结点却十分方便。

(3) 双亲孩子表示法：这是将双亲表示法和孩子表示法相结合的结果，既便于查找双亲结点，又便于查找孩子结点。

(4) 孩子-兄弟表示法：又称二叉树表示法或二叉链表表示法(因为孩子-兄弟链表存储结构在形式上与二叉链表一致)。这种存储结构可以方便地找到孩子结点，如果增加一个双亲域，同样可以方便地找到双亲结点。这是应用较为普遍的一种树的存储结构。

7. 已知一棵度为 m 的树中有 n_1 个度为 1 的结点，n_2 个度为 2 的结点……n_m 个度为 m 的结点，问：该树中有多少片叶子?

【解答】 设该树中的叶子数为 n_0，总结点数为 n，则有

$$n = n_0 + n_1 + n_2 + \cdots + n_m \tag{1}$$

因为除根结点外，树中其他结点都有双亲结点，且是唯一的(由树中的分支表示)，所以分支数为

$$B = n-1 = 1 \times n_1 + 2 \times n_2 + \cdots + m \times n_m \tag{2}$$

联立式(1)和式(2)可得叶子数为

$$n_0 = 1 + 1 \times n_2 + 2 \times n_3 + \cdots + (m-1) \times n_m$$

8. 试找出分别满足下面条件的所有二叉树：

(1) 先序序列和中序序列相同；

(2) 中序序列和后序序列相同；

(3) 先序序列和后序序列相同；

(4) 先序、中序、后序序列均相同。

【解答】 (1) 空二叉树或没有左子树的二叉树(右单支树)。

(2) 空二叉树或没有右子树的二叉树(左单支树)。

(3) 空二叉树或只有根结点的二叉树。

(4) 空二叉树或只有根结点的二叉树。

9. 任意一棵有 n 个结点的二叉树，已知它有 m 个叶子结点，试证明非叶子结点有 m – 1 个度为 2，其余度为 1。

【解答】 设 n_1 为二叉树中度为 1 的结点数，n_2 为度为 2 的结点数，则总的结点数为

$$n = n_1 + n_2 + m \qquad (1)$$

再看二叉树中的分支数。除根结点外，其余结点都有一个分支进入，设 B 为分支数，则有

$$n = B + 1 \qquad (2)$$

由于这些分支是由度为 1 和 2 的结点发出的，因此有

$$B = n_1 + 2n_2 \qquad (3)$$

由式(2)和式(3)可得

$$n = n_1 + 2n_2 + 1$$

再结合式(1)得

$$n_1 + n_2 + m = n_1 + 2n_2 + 1$$

所以 $n_2 = m-1$。

10. 哈夫曼编码是一种重要的数据压缩算法，它可以将数据压缩到最小的空间，从而节省存储空间和传输带宽。假定用于通信的电文仅由 8 个字母{c_1, c_2, c_3, c_4, c_5, c_6, c_7, c_8}组成，各字母在电文中出现的频率分别为{5, 25, 3, 6, 10, 11, 36, 4}。

(1) 为这 8 个字母设计哈夫曼编码。

(2) 若用三位二进制数对这 8 个字母进行等长编码，则哈夫曼编码的平均码长是等长编码的百分之几？它使电文总长平均压缩了多少？

【解答】 (1) 已知字母集{c_1, c_2, c_3, c_4, c_5, c_6, c_7, c_8 }，频率{5, 25, 3, 6, 10, 11, 36, 4}，则哈夫曼编码如下(参见图 6.2)：

c_1	c_2	c_3	c_4	c_5	c_6	c_7	c_8
0110	10	0000	0111	001	010	11	0001

电文总码数为

$$WPL_{huff} = 4 \times 5 + 2 \times 25 + 4 \times 3 + 4 \times 6 + 3 \times 10 + 3 \times 11 + 2 \times 36 + 4 \times 4 = 257$$

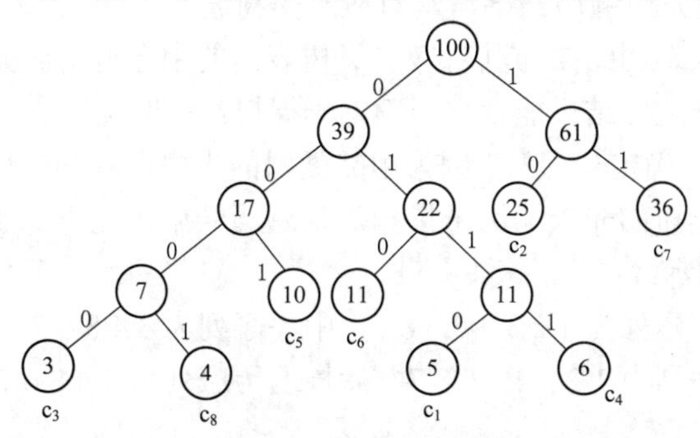

图 6.2　哈夫曼编码

(2) 等长编码如下：

字符	c_1	c_2	c_3	c_4	c_5	c_6	c_7	c_8
编码	000	001	010	011	100	101	110	111

$$WPL_{ave} = 3 \times (5 + 25 + 3 + 6 + 10 + 11 + 36 + 4) = 300$$

$$\frac{WPL_{huff}}{WPL_{ave}} = \frac{257}{300} = 0.86$$

$$1 - 0.86 = 0.14$$

所以，哈夫曼编码的平均码长是等长编码的 86%。它使电文总长平均压缩了 14%。

11. 分别使用顺序表示法、二叉链表表示法画出图 6.3 所示二叉树的存储结构。

【解答】 顺序表示法如下(其中空白表示 NULL)：

位置	1	2	3	4	5	6	7	8	9	10	11	12	13	14	15	16
结点	1	2	3	4		5	6		7		8					9

二叉链表表示法如图 6.4 所示。

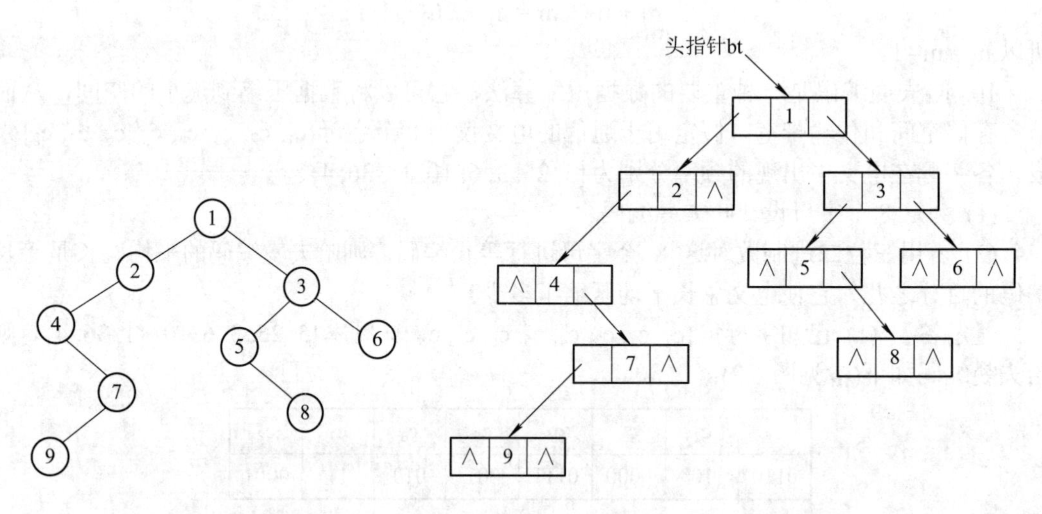

图 6.3　习题 11 图　　　　图 6.4　二叉链表表示法

12. 已知一棵树的先根遍历结果与其对应二叉树表示(第一个孩子-兄弟表示)的先序遍历结果相同，树的后根遍历结果与其对应二叉树表示的中序遍历结果相同。试问：利用树的先根遍历结果和后根遍历结果能否唯一确定一棵树？举例说明。

【解答】 可以唯一确定一棵树。因为由二叉树的先序序列和中序序列可以构造出二叉树，所以我们可以依据树的先根遍历结果和后根遍历结果构造出二叉树，然后将该二叉树转换为树，如图 6.5 所示。

对应二叉树的先序序列为 1 2 3 4 5 6 8 7，中序序列为 3 4 8 6 7 5 2 1。

原树的先根遍历序列为 1 2 3 4 5 6 8 7，后根遍历序列为 3 4 8 6 7 5 2 1。

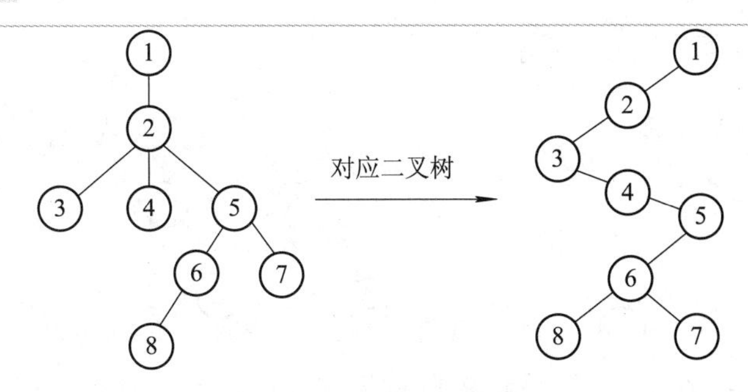

图 6.5　二叉树与树的转换

13. 恢复二叉树时需要根据提供的遍历序列层层递归、不断追踪，这就需要我们具备不断探寻、坚持不懈的精神。已知一棵非空二叉树，其按中根和后根遍历的结果分别为 C G B A H E D J F I 和 G B C H E J I F D A，试将这样的二叉树构造出来。若已知先根和后根的遍历结果，能否构造出这棵二叉树？

【解答】 由中根和后根所确定的二叉树如图 6.6 所示。

已知先根和后根的遍历结果，不能构造出二叉树。

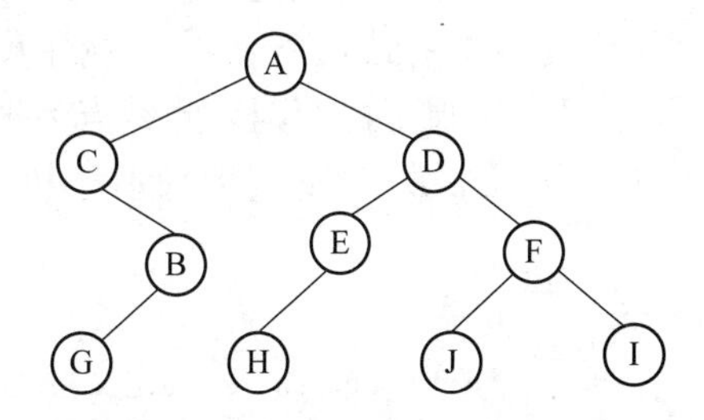

图 6.6　由中根和后根所确定的二叉树

14. 二叉树的顺序存储代表其物理结构(表面现象)，根据顺序存储的性质，可以推断出各结点之间的逻辑结构(关系的实质)。工作学习中我们应该学会透过现象看本质，不要被事物的表面现象所迷惑。设二叉树的顺序存储结构如下：

1	2	3	4	5	6	7	8	9	10	11	12	13	14	15	16	17	18	19	20
E	A	F	∧	D	∧	H	∧	∧	C	∧	∧	∧	G	I	∧	∧	∧	∧	B

(1) 根据其存储结构画出该二叉树。

(2) 写出按先序、中序、后序遍历该二叉树所得的结点序列。

【解答】(1) 该存储结构对应的二叉树如图 6.7 所示。

(2) 先序序列为 E A D C B F H G I，中序序列为 A B C D E F G H I，后序序列为 B C D A G I H F E。

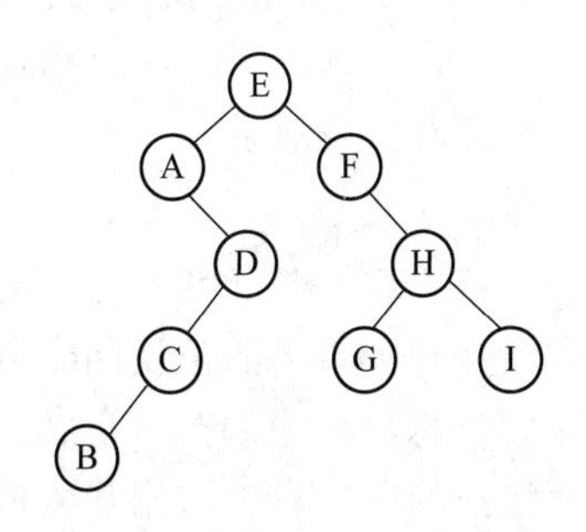

图 6.7　存储结构对应的二叉树

15. 写出图 6.8 所示二叉树的先序、中序、后序遍历结果，并画出和此二叉树对应的森林。

【解答】先序遍历结果为 A B D G H J K E C F I M，中序遍历结果为 G D J H K B E A C F M I，后序遍历结果为 G J K H D E B M I F C A。

二叉树对应的森林如图 6.9 所示。

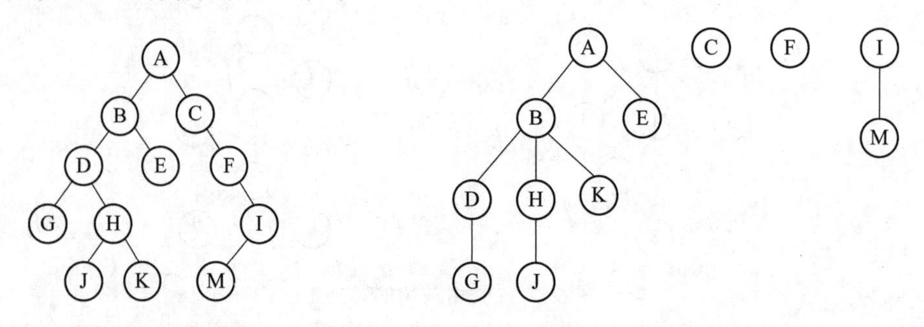

图 6.8　习题 18 图　　图 6.9　二叉树对应的森林

16. 用树的二叉结构可以表示个人发展与国家利益之间的辩证统一关系；只有个人发展和国家利益相结合，才能承担起相应的社会责任。若用二叉树的左子树表示个人发展，右子树表示国家利益，试设计一算法求二叉树中度为 1 的结点个数，以便个人进行改进，成为“全面发展的又红又专的社会主义建设者和接班人”。

【解答】 利用二叉树结构上的递归特性，用递归的方法实现。若某结点有左子树和右子树，则以此结点为根的二叉树中度为 1 的结点个数=左子树中度为 1 的结点个数 + 右子树中度为 1 的结点个数。若该结点只有一棵子树，则以此结点为根的二叉树中度为 1 的结点个数 = 1 + 其唯一子树中度为 1 的结点个数。若该结点没有子树，则此结点为根的二叉树中度为 1 的结点个数为 0。

算法如下：

```
int Num(BiTree ptr)                    /*BiTNode、BiTree 的定义与教材中的一致*/
{  BiTNode   *temp;
   if(ptr->LChild!=NULL&&ptr->RChild!=NULL)   /*左、右子树都不空*/
     return Num(ptr->LChild)+ Num(ptr->RChild);   /*递归调用左、右子树，返回结点为 1 的
                                                   数量之和*/
   else
     if (ptr->LChild==NULL&&ptr->RChild!=NULL)  /*左子树为空，右子树不空*/
       return 1+ Num(ptr->RChild);            /*当前结点度为 1+右子树中度为 1 的结点个数*/
     else
       if (ptr->LChild!=NULL&&ptr->RChild==NULL)      /*右子树为空，左子树不空*/
         return 1+ Num(ptr->LChild);          /*当前结点度为 1+左子树中度为 1 的结点个数*/
     return 0;                                /*当前结点度为 0，无需递归，返回 0*/
}
```

17. 二叉树的翻转是二叉树的一个镜像，就像一个事物的正反两面。生活中我们应该学会从一个事物的正反两个方面看待问题，或者从对方的角度看待问题，设身处地地为他人想一想，拒绝偏执、自私，这样更容易解决面临的问题。设计递归算法，将二叉树中所有结点的左、右子树相互交换(二叉树翻转算法)。

【解答】 算法如下：

```
void Bitree_Revolute(BiTree T)           /*BiTNode、BiTree 的定义与教材中的一致*/
```

```
{   Bitree temp;
    if(T)                /*T 不空，将其左、右孩子互换*/
    {   temp=T->LChild;
        T->LChild)=T->RChild;
        T->RChild=temp;
        if(T->LChild)  Bitree_Revolute(T->LChild);   /*新的左孩子不空，递归交换左孩子的
                                                       左、右子树*/
        if(T->RChild)  Bitree_Revolute(T->RChild);   /*新的右孩子不空，递归交换右孩子的
                                                       左、右子树*/
    }
}
```

18. 用多重链表存储树，编写按层次顺序(同一层自左至右)遍历树的算法。

【解答】 对于多重链表存储树，树中结点的存储表示可描述如下：

```
#define MAXSON <树的度数>
typedef struct TreeNode
{  datatype data;                        /*结点的数据域*/
   struct TreeNode *son[MAXSON];         /*孩子指针域数组*/
} NodeType;
void LayerOrder(NodeType *T)
{   InitQueue(Q);                        /*初始化队列 Q*/
    EnQueue(Q, T);                       /*将根结点 T 入队列*/
    while(!QueueEmpty(Q))                /*只要队列不空就进行以下操作*/
    {  DeQueue(Q, p);                    /*从队列中出队一个结点 p*/
       visit(p);                         /*进行 p 访问操作*/
       for(i=1; i< MAXSON; i++)
           if(p-> son [i]) EnQueue(Q, p-> son [i]);  /*结点 p 是否有孩子，若有，则入队列*/
    }
}
```

6.3 自 测 题

一、填空题

1. 对于一棵具有 n 个结点的树，该树中所有结点的度数之和为______。

2. 一棵深度为 5 的满二叉树中的结点为________个，一棵深度为 3 的满三叉树中的结点为________个。

3. 在一棵二叉树中，假定双分支结点为 5 个，单分支结点为 6 个，则叶子结点为____个。

4. 对于一棵完全二叉树，若一个结点的编号为 i，则它的左孩子结点的编号为

________，右孩子结点的编号为________，双亲结点的编号为________。

5. 对于一棵具有 n 个结点的二叉树，对应二叉链表中指针为________个，其中________个用于指向孩子结点，________个指针空闲着。

6. 一棵含有 n 个结点的 k 叉树，__________形态达到最大深度，__________形态达到最小深度。

7. 已知二叉树中叶子数为 50，仅有一个孩子的结点数为 30，则结点总数为________。

8. 一棵左、右子树均不空的二叉树在先序线索化后，其中空的链域有_______个。

9. 设森林 F 中有三棵树，第一、第二、第三棵树的结点个数分别为 M1、M2 和 M3。与森林 F 对应的二叉树根结点的右子树有________个结点。

10. 高度为 h 的完全二叉树至少有_________个结点，至多有_________个结点。

二、单项选择题

1. 下列关于二叉树的说法正确的是(　　)。

A. 一棵二叉树的度可以小于 2　　B. 二叉树的度为 2

C. 二叉树中至少有一个结点的度为 2　　D. 二叉树中任何一个结点的度都为 2

2. (考研题)已知一棵完全二叉树的第 6 层(设根为第 1 层)有 8 个叶子结点，则该完全二叉树的结点个数最多是(　　)。

A. 39　　B. 52　　C. 111　　D. 119

3. (考研题) 若三叉树 T 有 244 个结点(叶子结点的高度为 1)，则 T 的高度至少是(　　)。

A. 4　　B. 5　　C. 6　　D. 7

4. 若二叉树中度为 2 的结点有 15 个，度为 1 的结点有 10 个，则该树有(　　)个叶子结点。

A. 25　　B. 30　　C. 31　　D. 16

5. (考研题) 若一棵二叉树的先序遍历序列为 a e b d c，后序遍历序列为 b c d e a，则根结点的孩子结点是(　　)。

A. e　　B. e、b　　C. e、c　　D. 无法确定

6. (考研题) 将森林转换为对应的二叉树时，若二叉树中的结点 u 是结点 v 的父结点的父结点，则在原来的森林中，u 和 v 可能具有的关系是(　　)。

Ⅰ. 父子关系　　Ⅱ. 兄弟关系　　Ⅲ. u 的父结点与 v 的父结点是兄弟关系

A. Ⅱ　　B. Ⅰ和Ⅱ　　C. Ⅰ和Ⅲ　　D. Ⅰ、Ⅱ和Ⅲ

7. (考研题)下列线索二叉树中(用虚线表示线索)，符合后序线索树定义的是(　　)。

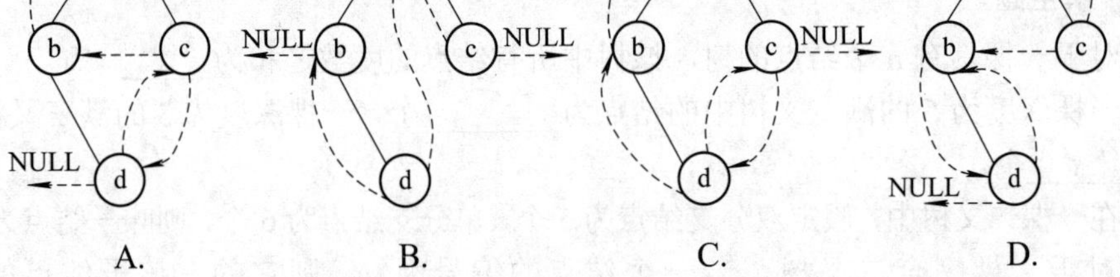

A.　　B.　　C.　　D.

8. (考研题) 把 n(n≥2)个权值均不相同的字符构造成哈夫曼树。下列关于该哈夫曼树的叙述中，错误的是(　　)。

A. 该树一定是一棵完全二叉树

B. 树中一定没有度为 1 的结点

C. 树中两个权值最小的结点一定是兄弟结点

D. 树中任一非叶子结点的权值一定不小于下一层任一结点的权值

9. 下面关于哈夫曼树的说法，不正确的是(　　)。

A. 对应于一组权值构造出的哈夫曼树一般不是唯一的

B. 哈夫曼树具有最小带权路径长度

C. 哈夫曼树中没有度为 1 的结点

D. 哈夫曼树中除度为 1 的结点外，还有度为 2 的结点和叶子结点

参考答案

第七章 图

7.1 基本知识点

在图结构中，数据元素之间的关系是多对多的，不存在明显的线性或层次关系。图中每个数据元素可以和图中其他任意数据元素相关。树可以看作是图的一种特例。图的应用非常广泛，在计算机领域，如逻辑设计、人工智能、形式语言、操作系统、编译原理以及信息检索等，图都起着重要的作用。

1. 图的定义与基本术语

图(graph)是一种网状数据结构，由一个顶点(vertex)的有穷非空集V(G)和一个弧(arc)的集合E(G)组成，通常记作G = (V，E)，其中G表示一个图，V是图G中顶点的集合，E是图G中弧的集合。

相关术语：无向图、有向图、弧、边、完全图、子图、(强)连通图、(强)连通分量，邻接点、相邻接、相关联，路径、路径长度、回路或环、简单路径、简单回路，度、入度、出度，权、赋权图或网，生成树(极小连通子图)。

2. 图的存储结构

图的存储结构包括邻接矩阵、邻接表、十字链表、邻接多重表。

3. 图的遍历

图的遍历包括深度优先遍历和广度优先遍历两种。图的大部分算法设计题常常是基于这两种基本的遍历算法而设计的，比如“求最长和最短路径问题”及“判断两顶点间是否存在长为 K 的简单路径问题”。

4. 图的应用

(1) 图的连通性问题：可以利用两种遍历算法判断图的连通性。如果图不连通，则可以获知其有几个连通分量。

(2) 最小生成树算法：对于连通图，可以利用 Prim 算法和 Kruskal 算法找到图的最小生成树。Prim 算法适用于稠密图，Kruskal 算法适用于稀疏图。

(3) 两种最短路径问题：一是求某一点到其余各顶点的最短路径；二是求图中任意两顶点之间的最短路径。解决第一个问题用 Dijsktra 算法，解决第二个问题用 Floyd 算法。最短路径的一个典型应用是旅游景点及旅游路线的选择。

(4) 有向无环图(DAG 图)：一个无环的有向图。有向无环图是描述一项工程进行过程的有效工具，主要用来进行拓扑排序和关键路径的操作。

(5) AOV(activity on vertex)网：活动在顶点上的有向图，顶点表示活动，弧表示活动之间的优先关系。

(6) AOE(activity on edge)网：一个带权的有向无环图，弧表示活动，权表示活动持续的时间，可以用来估算工程的完成时间。

7.2　习题解析

1. 已知有向图如图 7.1 所示，请给出：

(1) 该图每个顶点的入度、出度；

(2) 该图的邻接矩阵；

(3) 该图的邻接表；

(4) 该图的逆邻接表；

(5) 该图的所有强连通分量。

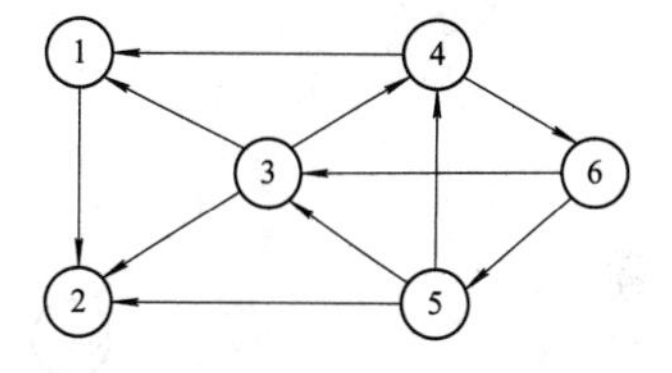

图 7.1　习题 1 图

【解答】 (1) 各顶点的入度、出度分别为

ID(1) = 2，OD(1) = 1

ID(2) = 3，OD(2) = 0

ID(3) = 2，OD(3) = 3

ID(4) = 2，OD(4) = 2

ID(5) = 1，OD(5) = 3

ID(6) = 1，OD(6) = 2

(2) 图 7.1 的邻接矩阵为

$$\begin{bmatrix} 0 & 1 & 0 & 0 & 0 & 0 \\ 0 & 0 & 0 & 0 & 0 & 0 \\ 1 & 1 & 0 & 1 & 0 & 0 \\ 1 & 0 & 0 & 0 & 0 & 1 \\ 0 & 1 & 1 & 1 & 0 & 0 \\ 0 & 0 & 1 & 0 & 1 & 0 \end{bmatrix}$$

(3) 由图 7.1 建立的邻接表如图 7.2 所示。

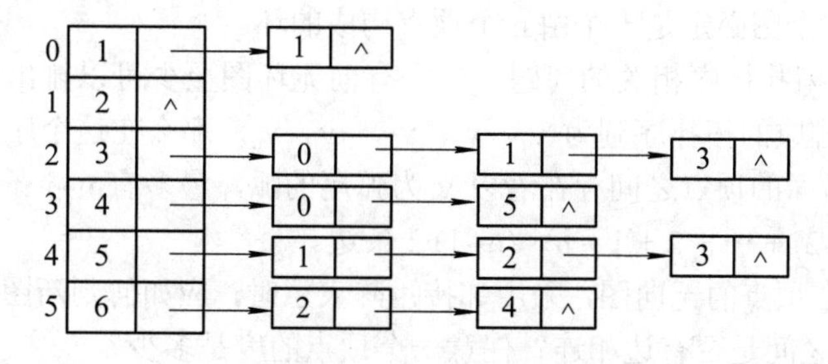

图 7.2　习题 1 的邻接表

(4) 由图 7.1 建立的逆邻接表如图 7.3 所示。

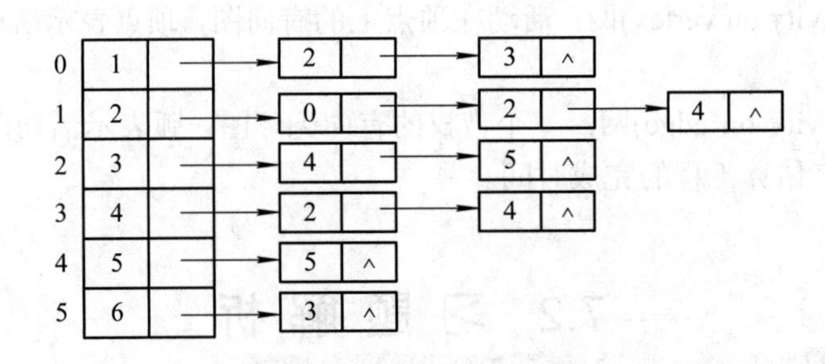

图 7.3 习题 1 的逆邻接表

(5) 该图有 3 个连通分量，如图 7.4 所示。

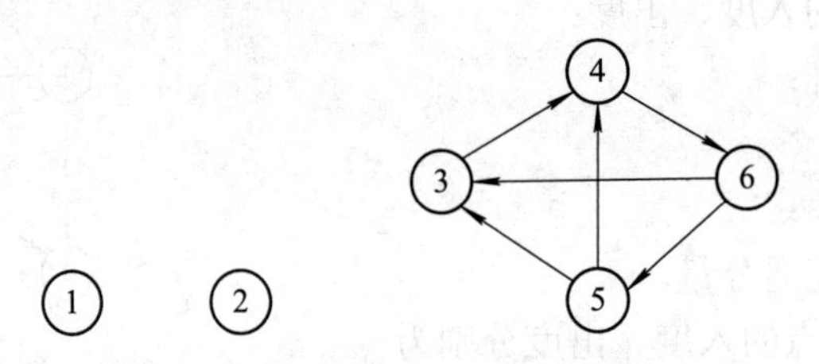

图 7.4 习题 1 的连通分量

2. 回答下列问题：

(1) 具有 n 个顶点的连通图至少有几条边？

(2) 具有 n 个顶点的强连通图至少有几条边？这样的图应该是什么形状的？

(3) n 个顶点的有向无环图最多有几条边？

【解答】 (1) 这是一个和生成树相关的问题。生成树是一个连通图，它具有能够连通图中任何两个顶点的最小边集，任何一个生成树都具有 n−1 条边。因此，具有 n 个顶点的连通图至少有 n−1 条边。

(2) 强连通图是相对于有向图而言的。由于强连通图要求图中任何两个顶点之间能够相互连通，因此每个顶点至少要有一条以该顶点为弧头的弧和一条以该顶点为弧尾的弧，每个顶点的入度和出度至少各为 1，即顶点的度至少为 2。这样根据图的顶点数、边数以及各顶点的度三者之间的关系计算可得

$$\text{边数} = \frac{2\times n}{2} = n$$

对于强连通图，由于从每个顶点都可以到达其余所有顶点，因此当每个顶点的入度和出度都为 1 时，这个图必定是一个由 n 个顶点构成的环。

(3) 这是一个拓扑排序相关的问题。一个有向无环图至少可以排出一个拓扑序列，不妨设这 n 个顶点排成的拓扑序列为 v_1，v_2，v_3，…，v_n，那么在这个序列中，每个顶点 v_i 只可能与排在它后面的顶点之间存在着以 v_i 为弧尾的弧，最多有 n−i 条，因此在整个图中最多有$(n-1) + (n-2) + \cdots + 2 + 1 = n \times (n-1)/2$ 条边。

3. 对于有 n 个顶点的无向图，采用邻接矩阵表示时，应如何判断图中有多少条边？任意两个顶点 i 和 j 之间是否有边相连？任意一个顶点的度是多少？

【解答】 用邻接矩阵表示无向图时，因为是对称矩阵，对矩阵的上三角部分或下三角部分检测一遍，统计其中的非零元素个数，就是图中的边数。如果邻接矩阵中 A[i，j]不为零，则说明顶点 i 与顶点 j 之间有边相连。此外，统计矩阵第 i 行或第 i 列的非零元素个数，就可得到顶点 i 的度。

4．对于图 7.5 所示的有向图，试给出：

(1) 该图的邻接矩阵；

(2) 从 1 出发的深度优先遍历序列；

(3) 从 6 出发的广度优先遍历序列。

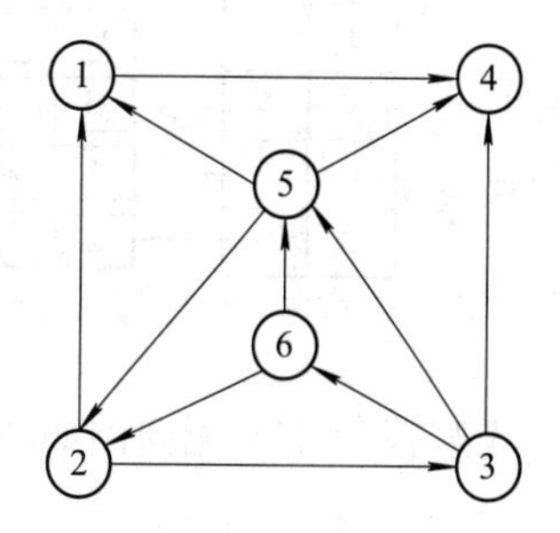

图 7.5　习题 4 图

【解答】 (1) 该图的邻接矩阵为

$$\begin{bmatrix} 0 & 0 & 0 & 1 & 0 & 0 \\ 1 & 0 & 1 & 0 & 0 & 0 \\ 0 & 0 & 0 & 1 & 1 & 1 \\ 0 & 0 & 0 & 0 & 0 & 0 \\ 1 & 1 & 0 & 1 & 0 & 0 \\ 0 & 1 & 0 & 0 & 1 & 0 \end{bmatrix}$$

(2) 从 1 出发的一个深度优先遍历序列为 1 4 2 3 5 6。

(3) 从 6 出发的一个广度优先遍历序列为 6 2 5 1 3 4。

5. 首先给出如图 7.6 所示无向图的存储结构的邻接表表示，然后写出对其分别进行深度、广度优先遍历的结果。

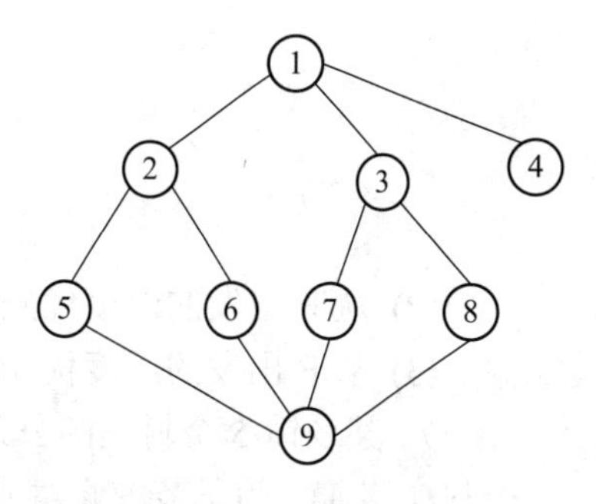

图 7.6　习题 5 图

【解答】 邻接表表示如图 7.7 所示。

深度优先遍历结果：1 2 5 9 6 7 3 8 4。

广度优先遍历结果：1 2 3 4 5 6 7 8 9。

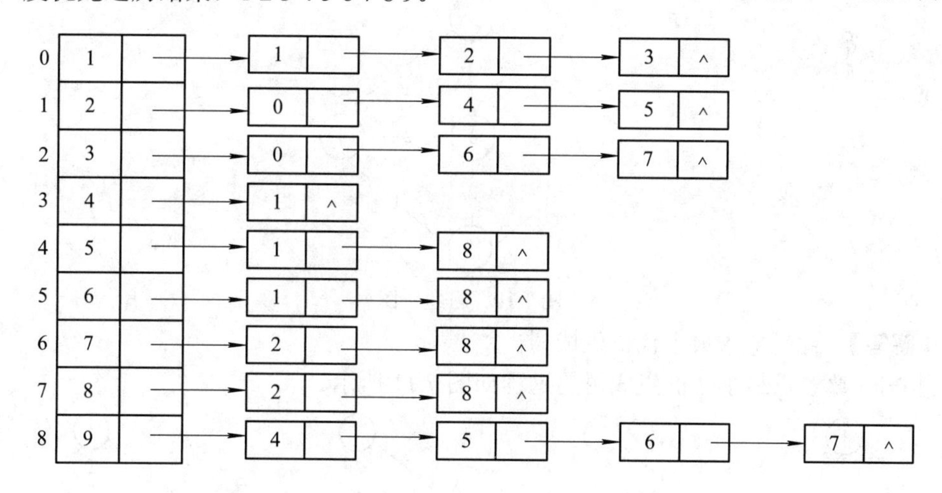

图 7.7　习题 5 邻接表

6．已知某图的邻接表如图 7.8 所示。

(1) 画出此邻接表所对应的无向图；

(2) 写出从 F 出发的深度优先搜索序列；

(3) 写出从 F 出发的广度优先搜索序列。

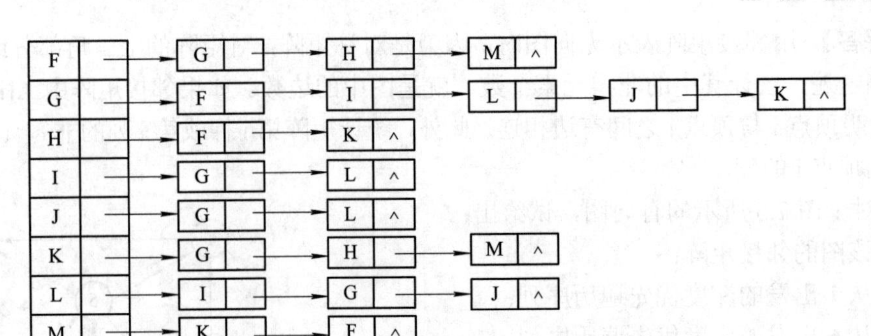

图 7.8　习题 6 图

【解答】 (1) 无向图如图 7.9 所示。

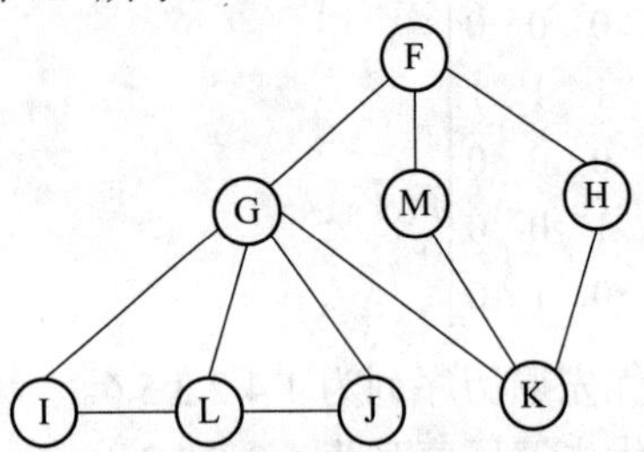

图 7.9　邻接表所对应的无向图

(2) 从 F 出发的深度优先搜索序列为 F G I L J K H M。

(3) 从 F 出发的广度优先搜索序列为 F G H M I L J K。

7. 某乡镇 5 个村庄的公路交通图如图 7.10 所示，现在需要沿公路修建天然气管道将 5 个村庄连通。为了节约修建成本，请给出能连通 5 个村庄的最短天然气管道的敷设方案。

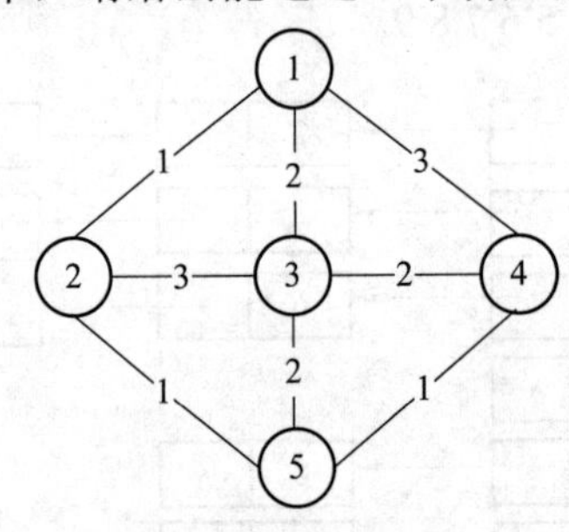

图 7.10　习题 7 图

【解答】 此题即求最小代价生成树。

用 Prim 算法求最小代价生成树的过程如图 7.11 所示。

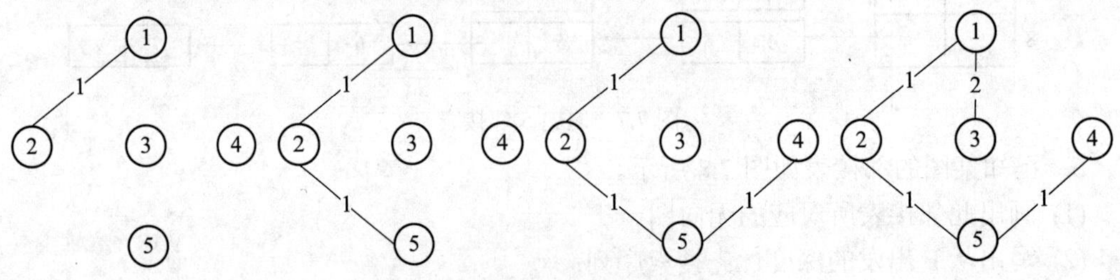

图 7.11　求最小代价生成树的过程

此题用 Kruskal 算法求最小代价生成树的过程正好与 Prim 算法的相同，亦如图 7.11 所示。

8. 已知图 G 如图 7.12 所示。

(1) 用 C 语言(或其他算法语言)写出该图的邻接表存储结构的数据类型。

(2) 画出该图的邻接表存储结构。

(3) 该图是否连通?如何判断图是否连通?请写出判断步骤。

(4) 用 Kruskal 算法求其最小生成树，要求画出构造过程图。

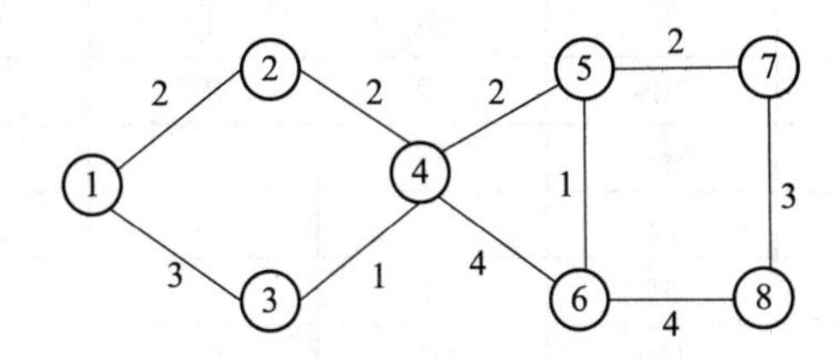

图 7.12 习题 8 图

【解答】 (1) 图的邻接表存储结构的 C 语言描述如下：

```
#define MAXNODE <图中顶点的最大个数>
typedef struct arc
{   int adjvex;              /*邻接点域，用于存储邻接点在表头结点表中的位置*/
    int weight;              /*权值域，用于存储边或弧的相关信息，非网图可以不需要*/
    struct arc *next;        /*链域，指向下一邻接点*/
} ArcType;                   /*边表结点*/
typedef struct
{   ElemType data;           /*顶点信息*/
    ArcType *firstarc;       /*指向第一条依附该顶点的边或弧的指针*/
} VertexType;                /*顶点表结点*/
typedef struct
{   VertexType vertexs[MAXNODE];
    int vexnum, arcnum;      /*图中顶点数和弧数*/
} AdjList;
```

(2) 图的邻接表存储结构如图 7.13 所示。

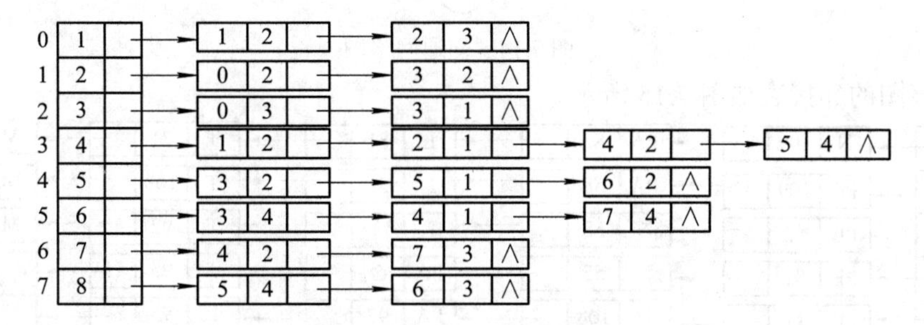

图 7.13 图的邻接表存储结构

(3) 判断一个图是否连通的思路基于图的遍历算法。若从某个顶点出发把图中每个顶点都能遍历到(即只调用一次遍历算法)，则该图是连通的；否则是不连通的，连通分量为遍历完所有顶点调用的遍历算法次数。算法程序参见教材(增加一个遍历算法调用次数的整型变量即可)。

(4) 过程类似于第 7 题(略)。

9. 已知世界六大城市为北京(PE)、纽约(N)、巴黎(PA)、伦敦(L)、东京(T)、墨西哥(M)，表 7.1 给出了这六大城市之间的交通里程。

表 7.1 世界六大城市交通里程表 (单位：百公里)

	PE	N	PA	L	T	M
PE	—	109	82	81	21	124
N	109	—	58	55	108	32
PA	82	58	—	3	97	92
L	81	55	3	—	95	89
T	21	108	97	95	—	113
M	124	32	92	89	113	—

(1) 画出这六大城市的交通网络图；

(2) 画出该图的邻接表；

(3) 利用 Prim 算法画出该图的最小(代价)生成树。

【解答】 (1) 交通网络图如图 7.14 所示。

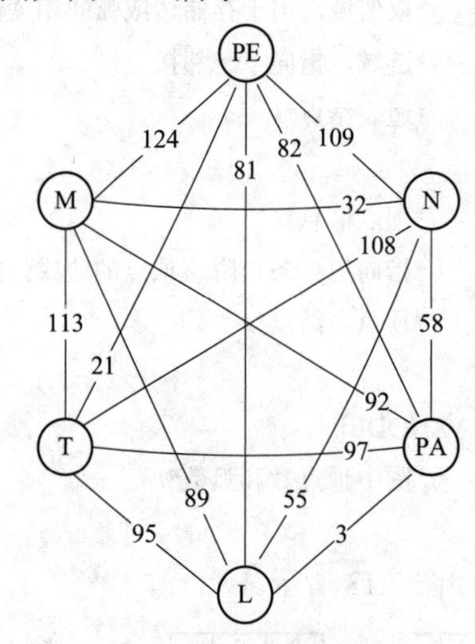

图 7.14 交通网络图

(2) 该图的邻接表如图 7.15 所示。

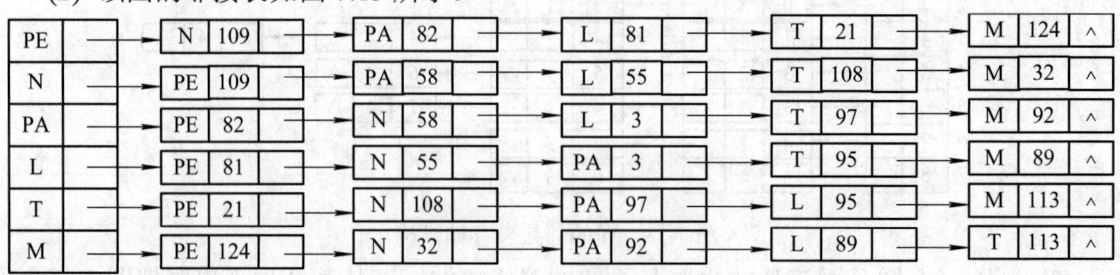

图 7.15 习题 9 邻接表

(3) 最小生成树为 6 个顶点 5 条边，如图 7.16 所示。

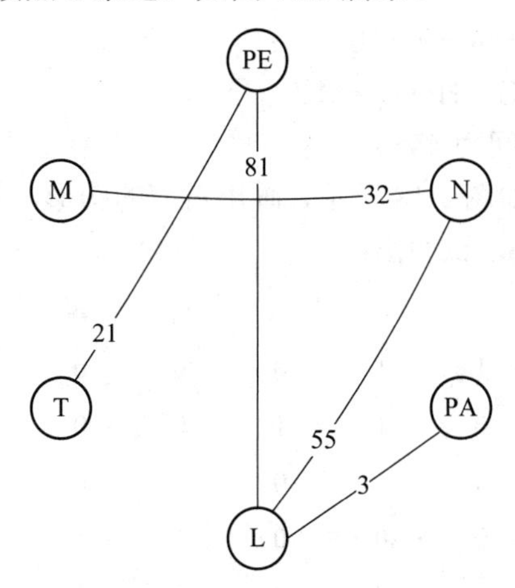

图 7.16　最小生成树

V(G) = {PE, N, PA, L, T, M}

E(G) = {(L, PA, 3)，(PE, T, 21)，(M, N, 32)，(L, N, 55)，(L, PE, 81)}

10. 表 7.2 给出了某工程中各工序之间的优先关系和各工序所需的时间。

表 7.2　各工序之间的优先关系和各工序所需时间

工序代号	A	B	C	D	E	F	G	H	I	J	K	L	M	N
所需时间/s	15	10	50	8	15	40	300	15	120	60	15	30	20	40
先驱工作	—	—	A, B	B	C, D	B	E	G, I	E	I	F, I	H, J, K	L	G

(1) 画出相应的 AOE 网；

(2) 列出各事件的最早发生时间、最晚发生时间；

(3) 找出关键路径并指明完成该工程所需最短时间。

【解答】 (1) AOE 网如图 7.17 所示。图中：虚线表示在时间上前后工序之间仅是接续顺序关系，不存在依赖关系；顶点代表事件，弧代表活动，弧上的权代表活动持续时间；顶点 1 代表工程开始事件，顶点 11 代表工程结束事件。

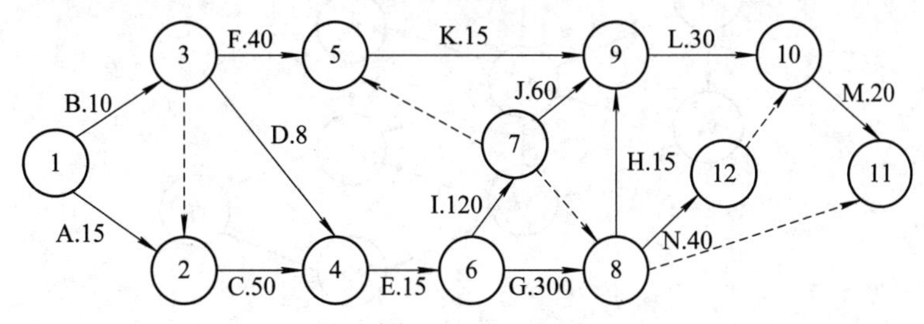

图 7.17　AOE 网

(2) 各事件发生的最早和最晚时间如表 7.3 所示。

表 7.3　各事件发生的最早和最晚时间

事　件	1	2	3	4	5	6	7	8	9	10	11	12
最早发生时间/s	0	15	10	65	50	80	200	380	395	425	445	420
最晚发生时间/s	0	15	57	65	380	80	335	380	395	425	445	425

(3) 关键路径：

顶点序列：1→2→4→6→8→9→10→11；

事件序列：A→C→E→G→H→L→M。

完成工程所需的最短时间为 445 s。

11. 已知图的邻接矩阵如图 7.18 所示，画出对应的图形，并画出该图的邻接表(邻接表中边表按序号从大到小排序)，试写出：

	v_1	v_2	v_3	v_4	v_5	v_6	v_7	v_8	v_9	v_{10}
v_1	0	1	1	1	0	0	0	0	0	0
v_2	0	0	0	1	1	0	0	0	0	0
v_3	0	0	0	1	0	1	0	0	0	0
v_4	0	0	0	0	0	1	1	0	1	0
v_5	0	0	0	0	0	0	1	0	0	0
v_6	0	0	0	0	0	0	0	1	1	0
v_7	0	0	0	0	0	0	0	0	1	0
v_8	0	0	0	0	0	0	0	0	0	1
v_9	0	0	0	0	0	0	0	0	0	1
v_{10}	0	0	0	0	0	0	0	0	0	0

图 7.18　图的邻接矩阵

(1) 以顶点 v_1 为出发点的唯一的深度优先遍历序列；

(2) 以顶点 v_1 为出发点的唯一的广度优先遍历序列；

(3) 该图唯一的拓扑有序序列。

【解答】 图 7.18 所示的邻接矩阵对应的有向图如图 7.19 所示。

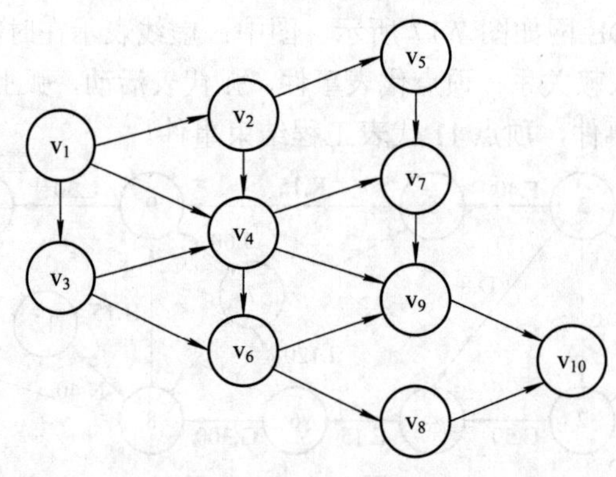

图 7.19　有向图

图的邻接表如图 7.20 所示。

(1) 深度优先遍历序列：$v_1, v_4, v_9, v_{10}, v_7, v_6, v_8, v_3, v_2, v_5$。

(2) 广度优先遍历序列：$v_1, v_4, v_3, v_2, v_9, v_7, v_6, v_5, v_{10}, v_8$。

(3) 拓扑排序：$v_1, v_2, v_5, v_3, v_4, v_6, v_8, v_7, v_9, v_{10}$。

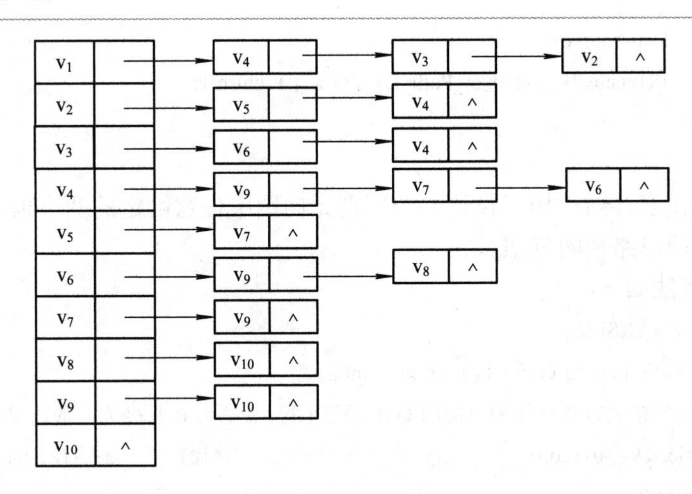

图 7.20　图的邻接表

12．试基于图的深度优先遍历设计一算法，判别以邻接表方式存储的有向图中是否存在由顶点 v_i 到顶点 v_j 的路径(i≠j)。

【解答】 本题用邻接表作存储结构，算法如下：

```
#define MAX-VERTEX-NUM 10                          /*最多顶点个数*/
typedef enum{DG, DN, UDG, UDN} GraphKind;    /*图的种类*/
typedef struct ArcNode
{   int adjvex;                                /*该弧指向顶点的位置*/
    struct ArcNode *nextarc;                   /*指向下一条弧的指针*/
    OtherInfo info;                            /*与该弧相关的信息*/
} ArcNode;
typedef struct VertexNode
{   VertexData data;              /*顶点数据*/
    ArcNode *firstarc;            /*指向该顶点第一条弧的指针*/
} VertexNode;
typedef struct
{   VertexNode vertex[MAX-VERTEX-NUM];
    int vexnum, arcnum;           /*图的顶点数和弧数*/
    GraphKind kind;               /*图的种类标志*/
}AdjList;                         /*基于邻接表的图(Adjacency List Graph)*/
int visited[MAXSIZE];
int Exist_Path_DFS(AdjList G, int i, int j)
{   AdjList p;
    if(i= =j) return 1;
    else
    {   visited[i]=1;
        for(p=G.vertex[i].firstarc; p; p=p->nextarc)
```

```
        {   k=p->adjvex;
            if(!visited[k]&&Exist_Path_DFS(G, k, j)) return 1;  }
    }
}
```

13．采用邻接表存储结构，设计一个判别无向图中任意给定的两个顶点之间是否存在一条长度为 k 的简单路径的算法。

【解答】 算法如下：

```
int visited[MAXSIZE];
int Exist_Path_Len(ALGraph G, int i, int j, int k)
{  /*判断邻接表方式存储的有向图 G 的顶点 i 到 j 是否存在长度为 k 的简单路径*/
   if(i==j&&k==0) return 1;                          /*找到了一条路径，且长度符合要求*/
   else if(k>0)
   {   visited[i]=1;
       for(p=G.vertices[i].firstarc; p; p=p->nextarc)
       {   l=p->adjvex;
           if(!visited[l])
               if(exist_path_len(G, l, j, k-1)) return 1;      /*剩余路径长度减 1 */
       }
       visited[i]=0;     /*本题允许曾经被访问过的结点出现在另一条路径中*/
   }
   return 0;           /*没找到*/
}
```

14．已知有向图和图中两个顶点 u 和 v，试设计算法求出有向图中从 u 到 v 的所有简单路径。

【解答】 算法如下：

```
int path[MAXSIZE], visited[MAXSIZE];
int Find_All_Path(AdjList G, int u, int v, int k)
{  /*有向图采用邻接表存储结构存储*/
   path[k]=u;
   visited[u]=1;
   if(u= =v)
   {  printf("找到一条路径!\n");
          for(i=0; path[i]; i++) printf("%d", path[i]);
   }
   else
       for(p=G.vertex[u].firstarc; p; p=p->nextarc)
       {  l=p->adjvex;
          if(!visited[l]) Find_All_Path(G, l, v, k+1);
       }
```

```
        visited[u]=0;
        path[k]=0;
    }
main()
{   ...
    Find_All_Path(G, u, v, 0);
    ...
}
```

15．对于一个使用邻接表存储的有向图 G，完成以下任务：

(1) 给出图的邻接表定义(结构)；

(2) 定义在算法中使用的全局辅助数组；

(3) 写出在遍历图的同时进行拓扑排序的算法。

【解答】 这里设定 visited 访问数组和 finished 数组为全局变量，finished[i]=1 表示顶点 i 的邻接点已搜索完毕。由于深度优先遍历产生的是逆拓扑序列，故设一个指向邻接表边结点的全局指针变量 final，在 DFS()函数退出时，把顶点 v 插入 final 所指的链表中，链表中的结点就是一个正常的拓扑序列。

(1) 邻接表表示法是一种顺序存储与链式存储相结合的存储方法，顺序存储部分用来保存图中顶点的信息，链式存储部分用来保存图中边(或弧)的信息。其类似于树的孩子链表表示法。

图的邻接表存储结构的 C 语言描述如下：

```
#define MAXNODE <图中顶点的最大个数>
typedef struct arc
{   int adjvex;             /*邻接点域，用于存储邻接点在表头结点表中的位置*/
    int weight;             /*权值域，用于存储边或弧的相关信息，非网图可以不需要*/
    struct arc *next;       /*链域，指向下一邻接点*/
} ArcType;                  /*边结点*/
typedef struct
{   ElemType data;          /*顶点信息*/
    ArcType *firstarc;      /*指向第一条依附该顶点的边或弧的指针*/
} VertexType;               /*顶点结点*/
typedef struct
{   VertexType vertexs[MAXNODE] ;
    int vexnum, arcnum;     /*图中顶点数和弧数*/
} AdjList;
```

(2) 算法中使用的全局辅助数组定义如下：

```
int visited[]=0;
finished[]=0;
flag=1;                     /*flag 用于测试拓扑排序是否成功*/
ArcType *final=null;        /*final 是指向顶点链表的指针，初始化为 0*/
```

(3) 拓扑排序算法如下：

```
void DFS(AdjList g, VertexType v)
/*以顶点 v 开始深度优先遍历有向图 g，顶点信息就是顶点编号*/
{   ArcType *t;                /*指向边结点的临时变量*/
    printf("%d", v); visited[v]=1; p=g[v].firstarc;
    while(p!=null)
    {   j=p->adjvex;
        if (visited[j]==1 && finished[j]==0)
          flag=0               /*DFS 结束前出现回边*/
        else
          if(visited[j]==0)
          {   DFS(g, j);
              finished[j]=1;
          }
        p=p->next;
    }
    t=(ArcNode *)malloc(sizeof(ArcNode));   /*申请边结点*/
    t->adjvex=v; t->next=final; final=t;     /*将该顶点插入链表*/
}
int DFS-Topsort(AdjList g)
/*对以邻接表为存储结构的有向图进行拓扑排序，拓扑排序成功，则返回 1，否则返回 0*/
{   i=1;
    while (flag && i <=n)
    if (visited[i]==0)
    {   DFS(g, i);
        finished[i]=1;
    }
    return(flag);
}
```

16. n 个村庄之间的交通图如图 7.21 所示，若村庄 i 和 j 之间有道路，则将顶点 i 和 j 用边连接，边上的 w_{ij} 表示这条道路的长度。现在要从这 n 个村庄中选择一个村庄建一所医院，使离医院最远的村庄到医院的路程最短。试设计一个解决上述问题的算法。

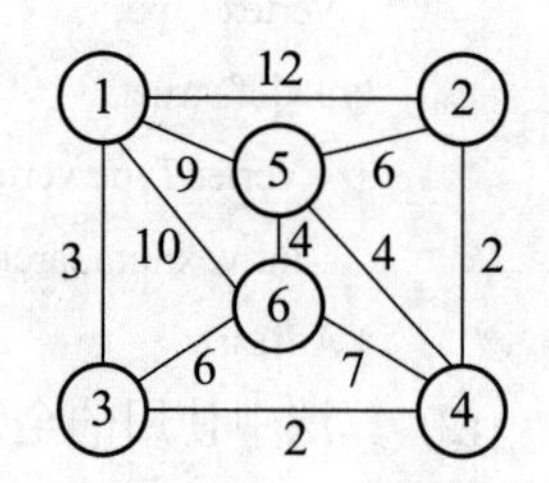

图 7.21 习题 16 图

【解答】 该题可用求每对顶点间最短路径的 Floyd 算法求解。求出每一顶点(村庄)到其他顶点(村庄)的最短路径。在每个顶点到其他顶点的最短路径中选出最长的一条。因为有 n 个顶点，所以有 n 条最长路径，在这 n 条最长路径中找出最短的一条，它的出发点(村庄)就是医院应建在的村庄。

算法如下：

```
void Hospital(AdjMatrix w, int n)
/*以邻接矩阵存储，求医院建在何处，使离医院最远的村庄到医院的路程最短*/
{   for (k=1; k<=n; k++)                /*求任意两顶点间的最短路径*/
      for (i=1; i<=n; i++)
        for (j=1; j<=n; j++)
          if (w[i][k]+w[k][j]<w[i][j])   w[i][j]=w[i][k]+w[k][j];
    m=MAXINT;                        /*设定 m 为机器内最大整数*/
    for (i=1; i<=n; i++)             /*求最长路径中最短的一条*/
    {   s=0;
        for (j=1; j<=n; j++)         /*求从某村庄 i(1≤i≤n)到其他村庄的最长路径*/
            if (w[i][j]>s) s=w[i][j];
        if ( s<=m)
        { m=s; k=i; } /*在最长路径中取最短的一条，其中 m 为最长路径，k 为出发点的下标*/
    }
            printf("医院应建在%d 村庄，到医院距离为%d\n", k, m);
}
```

以上实例的模拟过程从略。医院应建在第三个村庄中，离医院最远的村庄到医院的距离是 6。

7.3 自 测 题

一、填空题

1．图有____________、____________、____________、____________存储结构，遍历图有____________、____________方法。

2．n 个顶点 e 条边的图，若采用邻接矩阵存储，则空间复杂度为__________；若采用邻接表存储，则空间复杂度为__________。

3．设有一稀疏图 G，则 G 采用_________存储较省空间。

4．设有一稠密图 G，则 G 采用_________存储较省空间。

5．图的逆邻接表存储结构只适用于________图。

6．若要求一个稠密图 G 的最小生成树，最好用___________算法来求解。

7. 若一个图的顶点集为{a, b, c, d, e, f}，边集为{(a, b), (a, c), (b, c), (d, e)}，则该图含有________ 个连通分量。

8. (考研题)用 Dijkstra 算法求某一顶点到其余各顶点间的最短路径是按路径长度_____的次序来得到最短路径的。Dijkstra 算法的时间复杂度为__________。

9. 求最短路径的 Floyd 算法的时间复杂度为__________。

二、单项选择题

1．在一个图中，所有顶点的度数之和等于图的边数的(　　)。

A．1/2　　B．1 倍　　C．2 倍　　D．4 倍

2．有 8 个结点的无向图最多有(　　)条边。

A．14　　B．28　　C．56　　D．112

3．有 8 个结点的无向连通图最少有(　　)条边。

A．5　　B．6　　C．7　　D．8

4．对用邻接表表示的图进行广度优先遍历时，通常是采用(　　)来实现算法的。

A．栈　　B．队列　　C．树　　D．图

5．对用邻接表表示的图进行深度优先遍历时，通常是采用(　　)来实现算法的。

A．栈　　B．队列　　C．树　　D．图

6．深度优先遍历类似于二叉树的(　　)。

A．先序遍历　　B．中序遍历　　C．后序遍历　　D．层次遍历

7．广度优先遍历类似于二叉树的(　　)。

A．先序遍历　　B．中序遍历　　C．后序遍历　　D．层次遍历

8．任何一个无向连通图的最小生成树(　　)。

A．只有一棵　　B．有一棵或多棵　　C．一定有多棵　　D．可能不存在

9．(考研题)已知带权有向图如图 7.22 所示，若采用 Dijkstra 算法求从源点 a 到其他各顶点的最短路径，则得到的第一条最短路径的目标顶点是 b，第二条最短路径的目标顶点是 c，后续得到的其余各最短路径的目标顶点依次是(　　)。

A．d, e, f　　B．e, d, f

C．f, d, e　　D．f, e, d

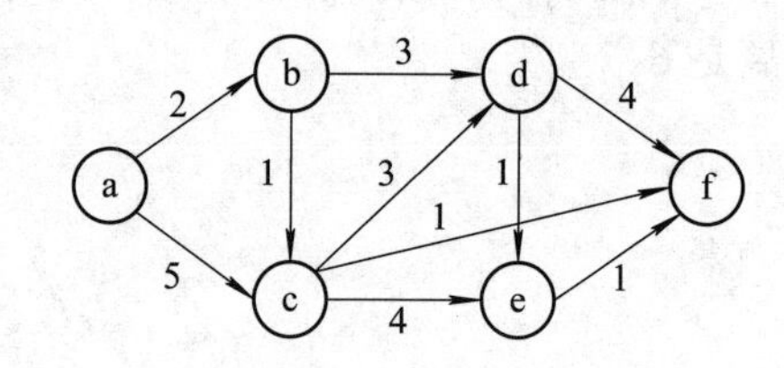

图 7.22　带权有向图

10. (考研题) 关键路径是 AOE 网中(　　)。

A．从源点到终点的路径长度最短的路径　　B．最短路径

C．从源点到终点的路径长度最长的路径　　D．最长路径

参考答案

第八章 查 找 表

8.1 基本知识点

现实生活中，查找几乎无处不在，特别是现在的网络时代，查找占据了我们上网的大部分时间。本章介绍静态查找表、动态查找表和哈希表的概念、存储结构及实现方法。

1．基本概念

本章需要掌握的基本概念有查找表、(主、次)关键字、查找、平均查找长度(ASL)等。

2．静态查找表

静态查找表包括顺序表、有序顺序表、索引顺序表，其查找法有顺序查找法、折半查找法、分块查找法。

3．动态查找表

动态查找表的形式有二叉排序树、平衡二叉树、B 树。平衡二叉树是二叉排序树的优化，其本质也是一种二叉排序树，只不过平衡二叉树对左、右子树的深度有了限定：深度之差的绝对值(即平衡因子)不得大于 1。B 树是二叉排序树的进一步改进，也可以把 B 树理解为三叉、四叉……排序树。

4．计算式查找法——哈希法

(1) 哈希表的构造方法。

(2) 处理冲突的方法。

(3) 平均查找长度的计算。

8.2 习题解析

1．在信息不对称的当今社会，拥有更高查找效率者可能会获得更多优势，而信息匮乏者则可能被边缘化。因此，在设计数据结构和算法时，我们需考虑如何确保信息的公平性和包容性，避免加剧社会不平等现象。若对大小均为 n 的有序顺序表和无序顺序表分别进行顺序查找，试在下面三种情况下讨论两者在等概率时平均查找长度是否相同。

(1) 查找不成功，即表中没有关键字等于给定值 k 的记录；

(2) 查找成功，且表中只有一个关键字等于给定值 k 的记录；

(3) 查找成功，且表中有若干个关键字等于给定值 k 的记录，一次查找要求找出所有记录，此时的平均查找长度应考虑找到所有记录时所用的比较次数。

【解答】 (1) 相同。查找不成功时，需进行 n+1 次比较才能确定查找失败，因此平均查找长度为 n+1。这时有序表和无序表是一样的。

(2) 相同。两者在等概率时平均查找长度均为(n+1)/2，数量级为 O(n)。

(3) 不相同。对于有序表，找到第一个与 k 相同的元素后，只要再找到与 k 不同的元素，即可停止查找；对于无序表，则需要一直查找到最后一个元素，效率较低。

2．考虑数据结构的可持续发展和环境责任，设计合理的数据结构和算法，可有效避免资源的过度消耗和对环境的影响。试述顺序查找法、折半查找法和分块查找法对被查找表中的元素的要求。对长度为 n 的表，这三种查找法的平均查找长度各是多少？

【解答】 顺序查找法：对表中元素不要求有序，存储结构为顺序或链式存储结构。

折半查找法：要求表中元素有序，且要求顺序存储。

分块查找法：要求表中元素分块有序。

采用上述三种查找法对长度为 n 的表进行查找，其平均查找长度的计算如下：

顺序查找法：平均查找长度为(n+1)/2；

折半查找法：平均查找长度为 lb(n+1)−1；

分块查找法：若用顺序查找确定所在的块，则平均查找长度为$\frac{1}{2}\left(\frac{n}{s}+s\right)+1$；若用折半查找确定所在的块，则平均查找长度为$\mathrm{lb}\left(\frac{n}{s}+1\right)+\frac{s}{2}$。

3．什么是分块查找？它有什么特点？使用分块查找是否会增加存储和计算资源消耗是一个值得我们思考的社会问题。若一个表中共有 900 个元素，查找每个元素的概率相同，并假定采用顺序查找来确定所在的块，如何分块最佳？

【解答】 分块查找又称索引顺序查找，是顺序查找的一种改进。在此查找法中，除表本身外，需建立一个“索引表”。表本身分块有序，将表分成若干块，对每一块建立一个索引项，其中包含两项内容：关键字项和指针项。索引表按关键字有序；表或者有序，或者分块有序。

分块查找分两步进行。先确定待查记录所在的块，再在块中顺序查找。由于索引项组成的索引表按关键字有序，因此确定所在的块的查找可以用顺序查找，也可以用折半查找，而块中的记录是任意排列的，所以在块中只能用顺序查找。

分 30 块最佳。

4．设计高效的查找算法不仅要考虑信息的公平性，还要考虑信息的查找速度。假定对有序表(3，4，5，7，24，30，42，54，63，72，87，95)进行折半查找。

(1) 画出描述折半查找过程的判定树。

(2) 若要查找元素 54，需依次与哪些元素进行比较?

(3) 若要查找元素 90，需依次与哪些元素进行比较?

(4) 假定每个元素的查找概率相同，求查找成功时的平均查找长度。

【解答】 (1) 折半查找过程的判定树如图 8.1 所示。

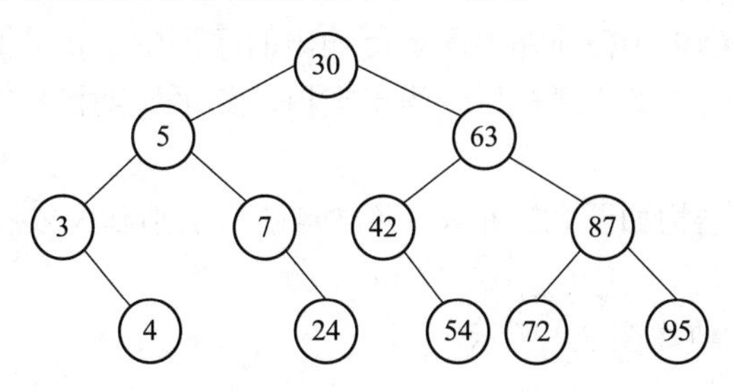

图 8.1 折半查找过程的判定树

(2) 查找元素 54，需依次与元素 30、63、42、54 进行比较。

(3) 查找元素 90，需依次与元素 30、63、87、95 进行比较。

(4) 求 ASL 之前，需要统计每个元素的查找次数，即 $1+2\times2+4\times3+5\times4=37$(次)，所以

$$\mathrm{ASL}=\frac{1}{12}\times(1+2\times2+4\times3+5\times4)=\frac{37}{12}=3.08$$

5. 折半查找是否适合链表结构的序列？为什么？折半查找的查找速度必然比线性查找的查找速度快，这种说法对吗？

【解答】 折半查找需要根据数据元素的序号计算中间位置，链表结构不能按序号随机存取。所以，折半查找不适合链表结构的序列。

折半查找的查找速度不一定必然比线性查找的查找速度快，比如要查找的元素在第一个位置，线性查找进行一次比较即可找到。

6. 设计和使用高效的查找算法不仅要追求技术创新，还要考虑社会责任和可持续发展等因素，以促进数据结构的健康发展与社会责任的落实。已知一长度为 11 的有序表，试画出其折半查找的判定树，并求出在等概率情况下查找成功的平均查找长度。

【解答】 判定树如图 8.2 所示。

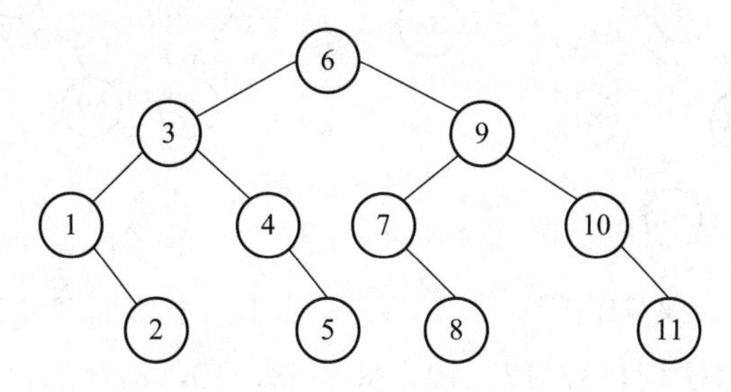

图 8.2 折半查找过程的判定树

平均查找长度为

$$\mathrm{ASL}=\frac{1+2\times2+3\times4+4\times4}{11}=3$$

7. 通过合理的结构优化，可以实现资源的最优利用。直接在二叉排序树中查找关键字 K 与在中序遍历输出的有序序列中查找关键字 K，其效率是否相同？输入关键字有序序列

来构造一棵二叉排序树，然后对此树进行查找，其效率如何？为什么？

【解答】 在二叉排序树上查找关键字K，实际上就是在走一条从根结点到叶子结点的路径，其时间复杂度为O(lb n)；而在中序遍历输出的序列中查找关键字K，其时间复杂度为O(n)。按序输入建立的二叉排序树蜕变为单支树，其平均查找长度为(n+1)/2，时间复杂度也为O(n)。

8. 一棵二叉排序树结构如图8.3所示，各结点的值从小到大依次为1～9，请标出各结点的值。

【解答】 各结点的值如图8.4所示。

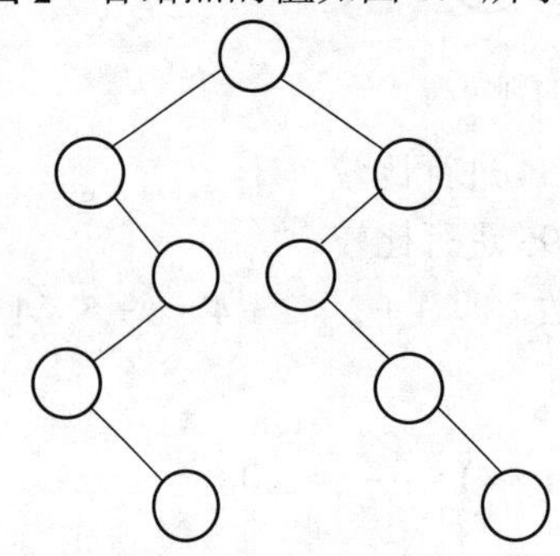

图8.3　二叉排序树结构

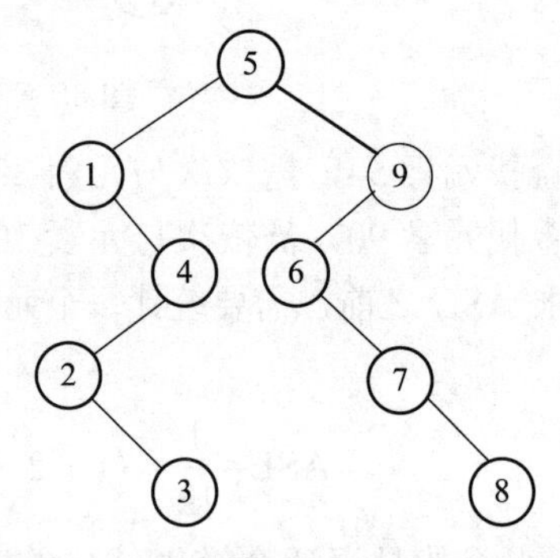

图8.4　二叉排序树结构中各结点的值

9. 二叉排序树的平衡调整既是技术问题，也是对数据完整性和系统稳定性负责的体现。请输入整数序列{86，50，78，59，90，64，55，23，100，40，80，45}，画出建立的二叉排序树，并画出将其中的“50”删除后的二叉排序树。

【解答】 建立的二叉排序树如图8.5所示。删除“50”后的二叉排序树如图8.6所示。

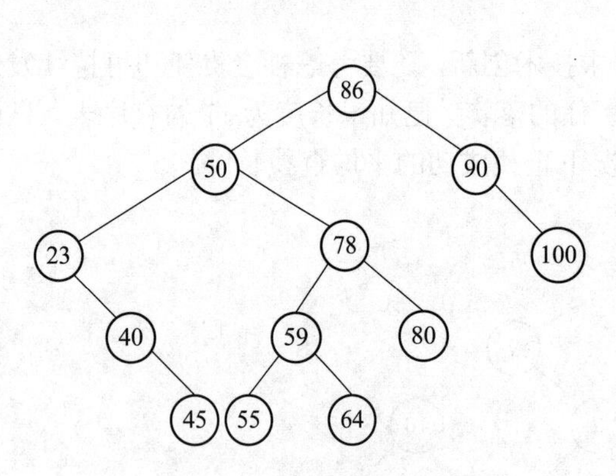

图8.5　建立的二叉排序树

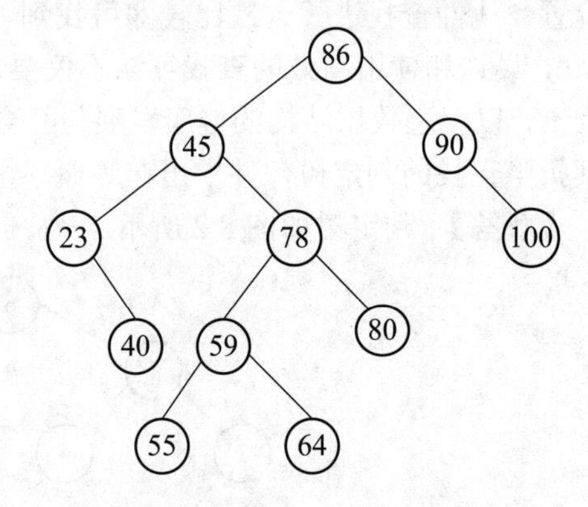

图8.6　删除“50”后的二叉排序树

10. 输入一个正整数序列{53，17，12，66，58，70，87，25，56，60}，试回答下列问题：

(1) 按次序构造一棵二叉排序树BS。

(2) 依此二叉排序树，如何得到一个从小到大的有序序列？

(3) 画出在此二叉排序树中删除“66”后的树结构。

【解答】 (1) 构造的二叉排序树见图8.7。

(2) 采用中序方式遍历可以得到一个从小到大的有序序列。

(3) 删除“66”后的二叉排序树结构见图 8.8。

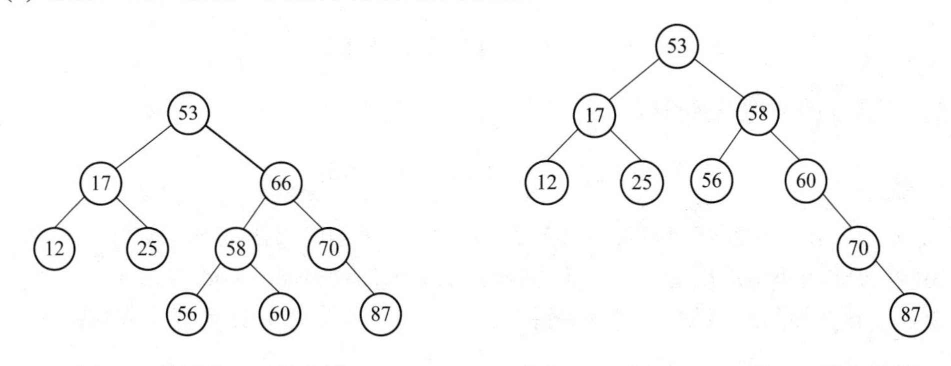

图 8.7 构造的二叉排序树　　　　图 8.8 删除“66”后的二叉排序树结构

11．给定序列{3，5，7，9，11，13，15，17}，按元素顺序将表中元素依次插入一棵初始为空的二叉排序树中。画出插入完成后的二叉排序树，并求其在等概率情况下查找成功的平均查找长度。

【解答】 按输入顺序进行插入后的二叉排序树如图 8.9 所示。其在等概率下查找成功的平均查找长度为

$$ASL_{SUCC}=(1+2+3+4+5+6+7+8)/8=4.5$$

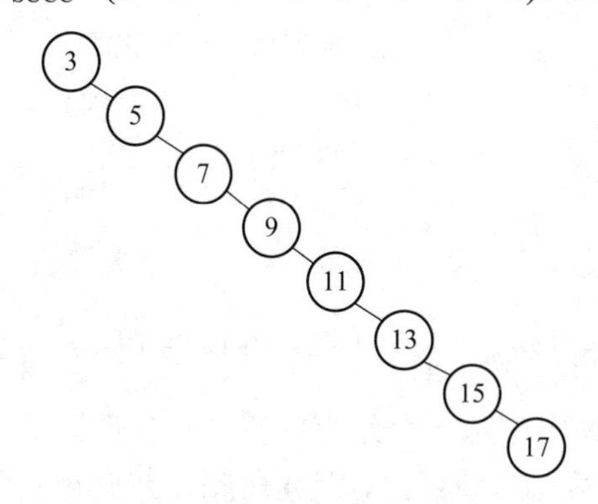

图 8.9 插入后的二叉排序树

12. 设哈希函数为 H(k) = k mod 7，哈希表的地址空间为 0～6，对关键字序列{32，13，49，18，22，38，21}按链地址法处理冲突的方法构造哈希表。请指出查找各关键字要进行几次比较，并分别计算查找成功和查找不成功时的平均查找长度。

【解答】 按链地址法处理冲突形成的哈希表如图 8.10 所示。其中查找关键字 49、22、38、32、13 需比较 1 次；查找关键字 21、18 需比较 2 次。

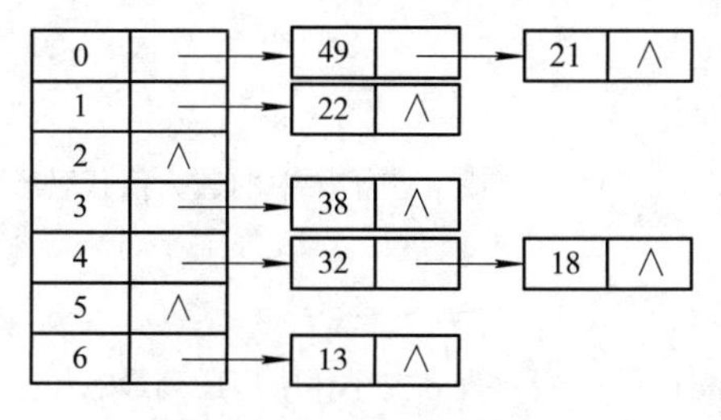

图 8.10 处理冲突形成的哈希表

查找成功的平均查找长度为

$$ASL_{SUCC} = \frac{1}{7}(5\times1+2\times2) \approx 1.29$$

查找不成功的平均查找长度为

$$ASL_{UNSUCC} = \frac{1}{7}(2\times1+3\times2+2\times3) = 2$$

13. 设有一组关键字{9, 1, 23, 14, 55, 20, 84, 27}，采用哈希函数H(key)=key mod 7，表长为10，用开放地址法的二次探测再散列的方法H_i=(H(key)+d_i) mod 10(d_i=1^2，-1^2，2^2，-2^2，3^2，…)处理冲突。要求：对该关键字序列构造哈希表，并计算查找成功时的平均查找长度。

【解答】 对该关键字序列构造的哈希表如表8.1所示。

表8.1　构造的哈希表

散列地址	0	1	2	3	4	5	6	7	8	9
关键字	14	1	9	23	84	27	55	20		
比较次数	1	1	1	2	4	3	1	2		

以关键字27为例：

$$H(27) = 27\%7 = 6(\text{冲突})$$
$$H_1 = (6+1)\%10 = 7(\text{冲突})$$
$$H_2 = (6-1)\%10 = 5$$

所以比较了3次。

查找成功的平均查找长度为

$$ASL_{SUCC} = \frac{1}{8}(4\times1+2\times2+1\times3+1\times4) = \frac{15}{8}$$

14. 设计在二叉排序树中删除一个结点的算法，使删除后的树仍为二叉排序树。设删除结点由指针p所指，其双亲结点由指针f所指，并假设被删除结点是其双亲结点的右孩子。

【解答】 算法如下：

```
void Delete(BSTree t, BSTree p)
/*在二叉排序树 t 中删除 f 所指结点的右孩子(由 p 所指)的算法*/
{  if (p->lchild= =null)          /*p 无左子树*/
   {  f->rchild=p->rchild;
      free(p);
   }
   else                           /*用 p 左子树中的最大值代替 p 结点的值*/
   {  q=p->lchild;
      s=q;
      while (q->rchild)           /*查 p 左子树中序序列最右结点*/
      {  s=q;
```

```
            q=q->rchild;
        }
        if (s= =p->lchild)              /*p 左子树的根结点无右子树*/
        {   p->data=s->data;
            p->lchild=s->lchild;
            free (s); }
        else
        {   p->data=q->data;
            s->rchild=q->lchild;
            free (q); }
    }
}
```

15. 假定一个待散列存储的线性表为(32，75，29，63，48，94，25，46，18，70)，散列地址空间为 HT[11]，若采用除留余数法构造散列函数和链接法处理冲突，试求出每一元素的散列地址，并画出最后得到的散列表，求出平均查找长度。

【解答】设散列函数为 H(K) = k % m，依题意知 m = 11，则有

$$H(32) = 32 \% 11 = 10$$
$$H(75) = 75 \% 11 = 9$$
$$H(29) = 29 \% 11 = 7$$
$$H(63) = 63 \% 11 = 8$$
$$H(48) = 48 \% 11 = 4$$
$$H(94) = 94 \% 11 = 6$$
$$H(25) = 25 \% 11 = 3$$
$$H(46) = 46 \% 11 = 2$$
$$H(18) = 18 \% 11 = 7$$
$$H(70) = 70 \% 11 = 4$$

散列表如图 8.11 所示。

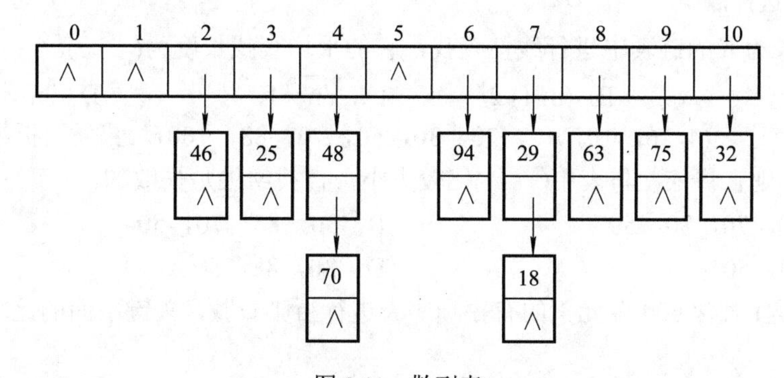

图 8.11 散列表

平均查找长度为

$$ASL = (8 \times 1 + 2 \times 2)/10 = 1.2$$

8.3 自 测 题

一、填空题

1. 在数据存放无规律的线性表中进行查找的最佳方法是________________。

2. 线性有序表(a_1，a_2，a_3，…，a_{256})是从小到大排列的，对一个给定的值k，用二分法查找表中与k相等的元素，在查找不成功的情况下，最多需要比较______次；设有100个结点，用二分法查找时，最多需要比较________次。

3. 假设在有序线性表a[20]上进行折半查找，则比较1次查找成功的结点数为1，比较2次查找成功的结点数为_______，比较4次查找成功的结点数为_______，平均查找长度为________。

4. 已知有序表(4，6，12，20，28，38，50，70，88，100)，若采用折半查找法查找表中元素20，则它将依次与表中元素__________________________比较大小。

5. 在各种查找方法中，平均查找长度与结点个数n无关的查找方法是______________。

6. 有一个表长为m的散列表，初始状态为空，现将n(n<m)个不同的关键字插入散列表中，并用线性探测法处理冲突。如果这n个关键字的散列地址都相同，则探测的总次数是__________________________。

7. 对于二分查找所对应的判定树，它既是一棵___________，又是一棵____________。

8. 对二叉排序树进行__________遍历，可得到结点的有序排列。

9. 假定对线性表(38，25，74，52，48)进行散列存储，采用H(K)=K % 7作为散列函数，若分别采用线性探测法和链接法处理冲突，则对各自散列表进行查找的平均查找长度分别为________和_______。

10. 已知哈希表的表长M为100，用除留余数法构造哈希函数，即H(K) = K mod P(P≤M)，为使函数具有较好的性能，P应选__________。

二、单项选择题

1. 在表长为n的链表中进行线性查找，它的平均查找长度为(　　)。

A. n　　B. (n+1)/2　　C. $\sqrt{n}+1$　　D. lb(n+1)−1

2. 已知有序表(4，6，10，12，20，30，50，70，88，100)，若采用折半查找法查找表中元素58，则它将依次与表中(　　)比较大小，查找结果是失败的。

A．20，70，30，50　　B．30，88，70，50

C．20，50　　D．30，88，50

3. (考研题) 对含600个元素的有序顺序表进行折半查找，关键字间的比较次数最多是(　　)。

A. 9　　B. 10　　C. 30　　D. 300

4. 已知10个数据元素(54，28，16，73，62，95，60，26，43，99)，按照依次插入的方法生成一棵二叉排序树，查找值为62的结点所需比较次数为(　　)。

A．2　　B．3　　C．4　　D．5

5．已知数据元素为(34，76，45，18，26，54，92，65)，按照依次插入结点的方法生成一棵二叉排序树，则该树的深度为(　　)。

A．4　　B．5　　C．6　　D．7

6．(考研题)下列给定的关键字输入序列中，不能生成如图 8.12 所示二叉排序树的是(　　)。

A. 4，5，2，1，3

B. 4，5，1，2，3

C. 4，2，5，3，1

D. 4，2，1，3，5

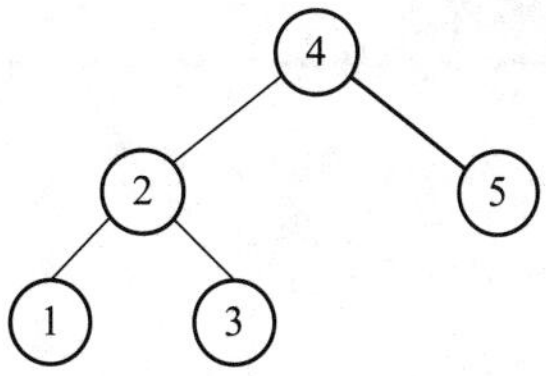

图 8.12　二叉排序树

7. 分别以下列序列构造二叉排序树，与用其他三个序列所构造的结果不同的是(　　)。

A．(100，80，90，60，120，110，130)

B．(100，120，110，130，80，60，90)

C．(100，60，80，90，120，110，130)

D．(100，80，60，90，120，130，110)

8. (考研题) 影响哈希法平均查找长度的是(　　)。

Ⅰ. 装填因子　　Ⅱ. 哈希函数　　Ⅲ. 冲突解决策略

A. Ⅰ、Ⅱ　　B. Ⅰ、Ⅲ　　C. Ⅱ、Ⅲ　　D. Ⅰ、Ⅱ、Ⅲ

9. (考研题) 已知 10 个数据元素(50，30，15，35，70，65，95，60，25，40)，按照依次插入结点的方法生成一棵二叉排序树后，在查找成功的情况下，查找每个元素的平均比较次数(即平均查找长度)为(　　)。

A. 2.5　　B. 3.2　　C. 2.9　　D. 2.7

10. (考研题) 现有长度为 5、初始为空的散列表 HT，散列函数 H(k) = (k + 4)mod 5，用线性探测再散列法处理冲突。若将关键字序列{2022，12，25}依次插入 HT 中，然后删除关键字 25，则 HT 中查找失败的平均查找长度为(　　)。

A. 1　　B. 1.6　　C. 1.8　　D. 2.2

参考答案

第九章　排　序

9.1　基本知识点

本章介绍了简单排序方法(如简单选择排序、直接插入排序、希尔排序、冒泡排序)、先进排序方法(如快速排序、归并排序、堆排序)、多关键字排序方法(如基数排序)。

排序过程体现了“优胜劣汰”原则，优秀的事物会越来越好，而劣质的事物会逐渐被淘汰。对于学生来说，在校期间应好好努力，全方位汲取知识，使自己越来越优秀。

1．基本概念

本章需要掌握的基本概念有内部排序和外部排序、稳定性、排序中的比较和移动等。

2．简单排序方法

简单排序方法包括简单选择排序、直接插入排序、希尔排序、冒泡排序。

3．先进排序方法

先进排序方法包括快速排序、归并排序、堆排序。

4．排序方法的选用

排序方法的选用应视具体场合而定，一般情况下要考虑以下几个方面：

① 待排序的记录个数 n；

② 记录本身的大小；

③ 关键字的分布情况；

④ 对排序稳定性的要求等。

9.2　习题解析

1. 按照排序过程涉及的存储设备的不同，排序方法可分为哪几类？

【解答】 排序方法可分为内部排序和外部排序两大类。

2．对于给定的一组键值：{83，40，63，13，84，35，96，57，39，79，61，15}，分别画出应用直接插入排序、简单选择排序、快速排序、堆排序、归并排序进行排序的各趟结果。

【解答】 ① 直接插入排序：

序号	1	2	3	4	5	6	7	8	9	10	11	12
关键字	83	40	63	13	84	35	96	57	39	79	61	15
i = 2	40	83	(63	13	84	35	96	57	39	79	61	15)
i = 3	40	63	83	(13	84	35	96	57	39	79	61	15)
i = 4	13	40	63	83	(84	35	96	57	39	79	61	15)
i = 5	13	40	63	83	84	(35	96	57	39	79	61	15)
i = 6	13	35	40	63	83	84	(96	57	39	79	61	15)
i = 7	13	35	40	63	83	84	96	(57	39	79	61	15)
i = 8	13	35	40	57	63	83	84	96	(39	79	61	15)
i = 9	13	35	39	40	57	63	83	84	96	(79	61	15)
i = 10	13	35	39	40	57	63	79	83	84	96	(61	15)
i = 11	13	35	39	40	57	61	63	79	83	84	96	(15)
i = 12	13	15	35	39	40	57	61	63	79	83	84	96

② 简单选择排序：

序号	1	2	3	4	5	6	7	8	9	10	11	12
关键字	83	40	63	13	84	35	96	57	39	79	61	15
i = 1	13	(40	63	83	84	35	96	57	39	79	61	15)
i = 2	13	15	(63	83	84	35	96	57	39	79	61	40)
i = 3	13	15	35	(83	84	63	96	57	39	79	61	40)
i = 4	13	15	35	39	(84	63	96	57	83	79	61	40)
i = 5	13	15	35	39	40	(63	96	57	83	79	61	84)
i = 6	13	15	35	39	40	57	(96	63	83	79	61	84)
i = 7	13	15	35	39	40	57	61	(63	83	79	96	84)
i = 8	13	15	35	39	40	57	61	63	(83	79	96	84)
i = 9	13	15	35	39	40	57	61	63	79	(83	96	84)
i = 10	13	15	35	39	40	57	61	63	79	83	(96	84)
i = 11	13	15	35	39	40	57	61	63	79	83	84	(96)

③ 快速排序：

关键字	83	40	63	13	84	35	96	57	39	79	61	15
第 1 趟排序	(15	40	63	13	61	35	79	57	39)	83	(96	84)
第 2 趟排序	(13)	15	(63	40	61	35	79	57	39)	83	84	(96)
第 3 趟排序	13	15	(39	40	61	35	57)	63	(79)	83	84	96
第 4 趟排序	13	15	(35)	39	(61	40	57)	63	79	83	84	96
第 5 趟排序	13	15	35	39	(57	40)	61	63	79	83	84	96
第 6 趟排序	13	15	35	39	40	(57)	61	63	79	83	84	96
第 7 趟排序	13	15	35	39	40	57	61	63	79	83	84	96

④ 堆排序：

关键字	83	40	63	13	84	35	96	57	39	79	61	15
第 1 次调整	(96)	84	83	57	79	35	63	13	39	40	61	15
第 2 次调整	(96	84)	79	83	57	61	35	63	13	39	40	15
第 3 次调整	(96	84	83)	79	63	57	61	35	15	13	39	40
第 4 次调整	(96	84	83	79)	61	63	57	40	35	15	13	39
第 5 次调整	(96	84	83	79	63)	61	39	57	40	35	15	13
第 6 次调整	(96	84	83	79	63	61)	57	39	13	40	35	15
第 7 次调整	(96	84	83	79	63	61	57)	40	39	13	15	35
第 8 次调整	(96	84	83	79	63	61	57	40)	35	39	13	15
第 9 次调整	(96	84	83	79	63	61	57	40	39)	35	15	13
第 10 次调整	(96	84	83	79	63	61	57	40	39	35)	13	15
第 11 次调整	(96	84	83	79	63	61	57	40	39	35	15)	13
排序成功的序列：	96	84	83	79	63	61	57	40	39	35	15	13

⑤ 归并排序：

关键字	83	40	63	13	84	35	96	57	39	79	61	15
第 1 趟排序	(40	83)	(13	63)	(35	84)	(57	96)	(39	79)	(15	61)
第 2 趟排序	(13	40	63	83)	(35	57	84	96)	(15	39	61	79)
第 3 趟排序	(13	35	40	57	63	83	84	96)	(15	39	61	79)
第 4 趟排序	13	15	35	39	40	57	61	63	79	83	84	96

3. 判别下列序列是否为堆(小顶堆或大顶堆)，若不是，则将其调整为堆：

(1) {100，86，48，73，35，39，42，57，66，21}；

(2) {12，70，33，65，24，56，48，92，86，33}；

(3) {103，97，56，38，66，23，42，12，30，52，06，20}；

(4) {05，56，20，23，40，38，29，01，35，76，28，100}。

【解答】 堆的性质是：任一非叶子结点上的关键字均不大于(或不小于)其孩子结点上的关键字。据此我们可以通过画二叉树来进行判断和调整。

(1) 此序列是大顶堆。

(2) 此序列不是堆，经调整后成为小顶堆，即{12，24，33，65，33，56，48，92，86，70}。

(3) 此序列是大顶堆。

(4) 此序列不是堆，经调整后成为小顶堆，即{01，05，20，23，28，38，29，56，35，76，40，100}。

4. 将两个长度为 n 的有序表归并为一个长度为 2n 的有序表，最少需要比较 n 次，最多需要比较 2n−1 次，请说明这两种情况发生时，两个被归并的表有何特征。

【解答】 前一种情况下，这两个被归并的表中一个表的最大关键字不大于另一个表的最小关键字，也就是说，两个有序表是可以直接连接为有序表的，因此，只需比较 n 次便可将一个表中的元素转移完毕，另一个表全部照搬即可。

另一种情况下，两个被归并的有序表中关键字序列完全一样，这时就要按次序轮流取其元素归并，因此比较次数为 2n−1 次。

5．试举例说明快速排序的不稳定性。快速排序是否在任何情况下效率都很高?

【解答】 例如：对序列{48，62，35，77，55，14，35，98}，一次划分后结果为

{35，14，35 } 48 {55，77，62，98}

最终结果为

{14，35，35，48，55，62，77，98}

从本例可看出快速排序是不稳定的。

快速排序在待排序列有序的情况下效率达最坏，其时间复杂度为 $O(n^2)$。

6．什么是内部排序？什么是外部排序？排序方法的稳定性指的是什么？常用的内部排序方法中哪些排序方法是不稳定的?

【解答】 内部排序是指排序过程中参与排序的数据全部在内存中所做的排序，排序过程中无需进行内、外存数据传送。决定内部排序时间性能的主要是数据排序的比较次数和数据对象的移动次数。外部排序是指排序过程中因参与排序的数据太多(在内存中容纳不下)，需要在内、外存之间不断进行信息传送的排序。决定外部排序时间性能的主要是读写磁盘次数和在内存中总的记录对象的归并次数。

排序的稳定性：假设有两个记录 r_i、r_j 的关键字 k_i、k_j，$k_i = k_j(1 \leqslant i \leqslant n，1 \leqslant j \leqslant n，i \neq j)$，且在排序前的序列中 r_i 领先于 r_j(即 $i < j$)。若在排序后的序列中 r_i 仍领先于 r_j，则称所用的排序方法是稳定的；反之，若使排序后的序列中 r_j 领先于 r_i，则称所用的排序方法是不稳定的。

常用的内部排序方法中，希尔排序、直接选择排序、堆排序、快速排序是不稳定的排序方法。

7．希尔排序中按某个增量序列将表分成若干个子序列，对子序列分别进行直接插入排序，最后一趟对全部记录进行一次直接插入排序。那么，希尔排序的时间复杂度肯定比直接插入排序的大。这句话对不对？为什么？

【解答】 不对。直接插入排序在序列基本有序或表长较小时，其效率可大大提高。希尔排序正是从这两点出发对直接插入排序进行改进的一种排序方法。

8．设有 5000 个无序元素，要求用最快的速度挑选出其中前 5 个元素，在快速排序、希尔排序、堆排序、归并排序、基数排序中，采用哪一种最好？为什么？

【解答】 采用堆排序最好。因为要在 5000 个元素中挑选出其中前 5 个元素，采用其他排序方法必须将所有元素排序之后才能获得，而堆排序只需调用 5 次筛选过程即可。

9．请设计一个双向冒泡的排序算法，即相邻两边向相反方向冒泡。

【解答】 算法如下：

```
void Bubble_Sort2(int a[ ], int n)
{   int i, t, low, high, change;
    low=0; high=n-1;
    change=1;                      /*用 change 记录是否完成交换*/
    while(low<high&&change)        /*利用 low 和 high 两个指针记录循环变量*/
    {   change=0;
        for(i=low; i<high; i++)    /*如果 low 指向的元素>high 指向的元素，则交换，high 前移*/
         if(a[i]>a[i+1])
```

```
        {   t=a[i];
            a[i]=a[i+1];
            a[i+1]=t;
            change=1;   }
        high--;
      for(i=high; i>low; i--)   /*如果 high 指向的元素<low 指向的元素，则交换，low 后移*/
        if(a[i]<a[i-1])
        {   t=a[i];
            a[i]=a[i-1];
            a[i-1]=t;
            change=1;   }
        low++;
    }
}
```

10．试以单链表作为存储结构实现简单选择排序算法。

【解答】 算法如下：

```
typedef struct Node                          /*结点类型定义*/
{   ElemType data;
    struct Node *next;
}Node, *LinkList;                            /*LinkList 为结构指针类型*/
void LinkedList_Select_Sort(LinkList L)
{   LinkList p, q, r, s, t;
    for(p=L; p->next->next; p=p->next)
    {   q=p->next; x=q->data;
        for(r=q, s=q; r->next; r=r->next)    /*定位最小元素*/
        if(r->next->data<x)
        {   x=r->next->data;
            s=r;   }
        if(s!=q)
        {   p->next=s->next; s->next=q;
            t=q->next; q->next=p->next->next;
            p->next->next=t;   }
    }
}
```

11．试以单链表作为存储结构实现直接插入排序算法。

【解答】 算法如下：

```
#define int KeyType                          /*定义 KeyType 为 int 型*/
typedef struct node
{   KeyType key;                             /*关键字域*/
```

```
    OtherInfoType info;                       /*其他信息域*/
    struct node *next;                        /*链表中的指针域*/
}RecNode, *LinkList ;                         /*记录结点类型*/
void InsertSort(LinkList head)
{  /*链式存储结构的直接插入排序算法，head 是带头结点的单链表*/
    RecNode *p, *q, *s;
    if ((head->next)&&(head->next->next))     /*当表中含有结点数大于 1 时*/
    {  p=head->next->next;                    /*p 指向第二个结点*/
        head->next=NULL;
        q=head;                               /*q 指向插入位置的前驱结点*/
        while(p)&&(q->next)&&(p->key<q->next->key)
            q=q->next;
        if (p)
        {  s=p; p=p->next;                    /*将要插入结点摘下*/
            s->next=q->next;                  /*插入合适位置：q 结点后*/
            q->next=s;
        }
    }
}
```

12．设计一算法，实现以下功能：输入 50 个学生的记录(每个学生的记录包括学号和成绩)，组成记录数组，然后按成绩由高到低的次序输出(每行 10 个记录)。

【解答】 算法如下：

```
typedef struct
{  int num;
    float score;
}RecType;
void SelectSort(RecType R[51]，int n)
{  for(i=1; i<n; i++)
    {  /*选择第 i 大的记录，并交换到位*/
        k=i;
        for(j=i+1; j<=n; j++)             /*找最大元素的下标*/
        if(R[j].score>R[k].score)   k=j;
            if(i!=k) R[i] <-->R[k];        /*与第 i 个记录交换*/
    }
    for(i=1; i<=n; i++)    /*输出成绩*/
    {
        printf("%d, %f", R[i].num, R[i].score);
        if(i%10==0) printf("\n"); }
}
```

13．有N个整数数据用数组存储，设计一算法将所有偶数调整到所有奇数之前。要求算法的时间复杂度为 O(N)，空间复杂度为 O(1)。

例如：已知数组 A 的初始状态为[17，28，3，10，36，97，6，59，66]，则调整之后A为[66，28，6，10，36，17，97，59，3]。

【解答】 可运用一趟快速排序的算法实现，将偶数放在前面，奇数放在后面。

算法如下：

```
int Partition(int A[], int 1, int N)                /*对 A[1..N]进行一趟快速排序*/
  { int low, high;
    low=1;
    high=N;
    pivotkey=A[1];
    while(low<high)                                  /*从表的两端交替地向中间扫描*/
    {
        while(low<high&&A[high]%2= =1)               /*从右向左扫描*/
            --high;
        A[low++]=A[high];                            /*将偶数记录移到低端*/
        while(low<high&&A[low]%2= =0.0)              /*从左向右扫描*/
            ++low;
        A[high--]=A[low];                            /*将奇数记录移到高端*/
    }
      A[low]=pivotkey;                               /*将枢轴记录移到正确位置*/
  }
```

14. 已知序列为{50，72，43，85，75，20，35，45，65，30}。

(1) 写出以第一个元素为轴的一趟快速排序结果；

(2) 写出第1趟2路归并的结果；

(3) 将序列调整为大顶堆。

【解答】 (1) 以第一个元素为轴的一趟快速排序结果为{30，45，43，35，20，50，75，85，65，72}。

(2) 第1趟2路归并的结果为{50，72，43，85，20，75，35，45，30，65}。

(3) 调整后的大顶堆为{85，75，43，72，50，20，35，45，65，30}。

9.3 自 测 题

一、填空题

1. 大多数排序算法都有两个基本的操作：__________和__________。

2. 在对一组记录(54，38，96，23，15，72，60，45，83)进行直接插入排序时，当把第 7 个记录 60 插入到有序表时，为寻找插入位置，至少需比较______次。

3. 在插入排序和选择排序中，若初始数据基本为正序，则选用________；若初始数据基本为反序，则选用________。

4. 在堆排序和快速排序中，若初始记录接近正序或反序，则选用___________；若初始记录基本无序，则最好选用___________。

5. 对 n 个记录的集合进行冒泡排序，在最坏的情况下所需要的时间是______；若对其进行快速排序，在最坏的情况下所需要的时间是________。

6. 对 n 个记录的集合进行归并排序，所需要的平均时间是__________，所需要的附加空间是______。

7. 对 n 个记录的表进行 2 路归并排序，整个归并排序需进行______趟。

8. 设用希尔排序对数组[98，36，−9，0，47，23，1，8，10，7]进行排序，给出的步长依次是 4，2，1，则排序需进行______趟；第 1 趟结束后，数组中数据的排列次序为____。

9. 对初态为有序的表，分别采用堆排序法、快速排序法、冒泡排序法和归并排序法进行排序，则最省时的是______________排序法，最费时的是____________排序法。

二、单项选择题

1. 将 5 个不同的数据进行直接选择排序，至多需要比较( )次。

A. 8　　B. 9

C. 10　　D. 25

2. 从未排序序列中依次取出元素与已排序序列(初始时为空)中的元素进行比较，并将其放入已排序序列的正确位置上的排序方法称为( )。

A. 冒泡排序　　B. 希尔排序

C. 插入排序　　D. 选择排序

3. 对 n 个不同的排序码进行冒泡排序，在元素无序的情况下比较的次数为( )。

A. n+1　　B. n

C. n−1　　D. n(n−1)/2

4. 在下列情况下最易发挥快速排序长处的是( )。

A. 被排序的数据中含有多个相同排序码

B. 被排序的数据已基本有序

C. 被排序的数据完全无序

D. 被排序的数据中的最大值和最小值相差悬殊

5. 对有 n 个记录的表进行快速排序，在最坏情况下，算法的时间复杂度是( )。

A. O(n)　　B. $O(n^2)$

C. O(n lb n)　　D. $O(n^3)$

6. 若一组记录的排序码为(46，79，56，38，40，84)，则利用快速排序法，以第一个记录为基准得到的一次划分结果为( )。

A. 38，40，46，56，79，84　　B. 40，38，46，79，56，84

C. 40，38，46，56，79，84　　D. 40，38，46，84，56，79

7．下列关键字序列中，(　　)是堆。

A．16，72，31，23，94，53　　B．94，23，31，72，16，53

C．16，53，23，94，31，72　　D．16，23，53，31，94，72

8．堆是一种(　　)排序。

A．插入　　B．选择　　C．交换　　D．归并

9．若一组记录的排序码为(46，79，56，38，40，84)，则利用堆排序法建立的初始堆为(　　)。

A．79，46，56，38，40，84　　B．84，79，56，38，40，46

C．84，79，56，46，40，38　　D．84，56，79，40，46，38

10．下述几种排序方法中，要求内存最大的是(　　)。

A．插入排序　　B．堆排序　　C．归并排序　　D．选择排序

参考答案

第十章　经典算法介绍

10.1　基本知识点

算法是问题求解过程的描述。本章主要介绍了四种经典算法：分治法、贪婪法、回溯法和动态规划法。这些算法被广泛应用于实际问题求解中。

1. 分治法

分治法的基本思想是将原问题分解成若干个规模较小且结构与原问题相似的子问题，然后递归地求解这些子问题，最后将子问题的解合并，得到原问题的解。分治法的关键在于将问题分解成更小的子问题，并且在递归求解子问题后将其合并成原问题的解。该算法通常适用于可以被分解成相互独立的子问题，并且子问题之间不相互影响的问题。然而，分治法也有其局限性，特别是在面对一些无法有效划分子问题或者合并子问题解的情况下，其效率可能会较低。

2. 贪婪法

贪婪法的核心思想是在每一步选择中都采取当前状态下的最佳选择，而不考虑全局最优解。然而，在某些情况下，用贪婪法得到的解可能不是最优解，但贪婪法具有高效性和简单性的优点，因此在某些场景下仍然是一种有用的求解算法。

3. 回溯法

回溯法是一种基于深度优先搜索的问题求解算法。其基本思想是通过逐步试探可能的解，并在试探过程中不断地检查当前解是否满足问题的要求，如果当前解不符合要求，就回退到上一步，尝试其他可能的选择，直到找到符合要求的解或者确定不存在解为止。回溯法的优点是该算法可以应用于各种问题求解中，并且能够找到问题的全部解；其缺点是搜索过程中需要遍历大量的状态空间，在解空间较大时可能会消耗较多的时间和资源。

4. 动态规划法

动态规划法通常适用于具有重叠子问题和最优子结构性质的问题求解中。在动态规划中，原问题被划分成若干个子问题，这些子问题之间可能存在重叠，即同一个子问题可能被多次求解。动态规划法通过保存子问题的解来避免重复计算，从而提高了求解效率。注意其和分治法的区别，分治法中原问题也被划分成若干个子问题，但这些子问题是相互独立的，不存在重叠问题。

10.2 习题解析

1. 请设计一个有效的算法，用于实现两个 n 位大整数的乘法运算。(提示：用分治法)

【解答】可以采用分治法将大整数分解为较小的部分，通过递归地对这些较小部分进行乘法运算，再合并结果，以得到最终答案。

对于两个 n 位的大整数 x 和 y(假设 n 为偶数)，可以将它们分别表示为

x = a * 10^(n/2) + b
y = c * 10^(n/2) + d

其中，a、b、c、d 均为 n/2 位的整数。根据上述表达式，x 和 y 的乘积可以重新组织为

xy = ac * 10^n + (ad + bc) * 10^(n/2) + bd

对于两个大整数 x 和 y，假设 n 为奇数，可以这样分割：将 x 分为较高部分 a 和较低部分 b，其中 a 包含(n+1)/2 位(即向上取整)，b 包含(n – 1)/2 位。将 y 同样分为较高部分 c 和较低部分 d，分割规则与 x 相同。

这样分割后，x 和 y 可以表示为

x = a * 10^((n – 1)/2) + b
y = c * 10^((n – 1)/2) + d

同理，有

xy = ac * 10^(n-1) + (ad + bc) * 10^((n-1)/2) + bd

算法的关键在于计算(ac，ad+bc，bd)这三个乘积比直接计算原数 x 和 y 的乘积要高效，因为每个部分的位数都减半了。递归地应用这一策略，直到分解到足够小可以直接计算的整数为止，再将所有结果合并。由于参考代码过于复杂，此处省略。

2. 用分治法设计算法，实现一个满足以下要求的比赛日程表：

(1) 每个选手必须与其他 n – 1 个选手各赛一次；

(2) 每个选手一天只能赛一次；

(3) 循环赛一共进行 n – 1 天。

【解答】为了设计这样一个比赛日程表，可以采用分治的思想，将问题逐步分解为规模更小的子问题。算法设计思路如下：

(1) 如果只有一个选手(即 n = 1)，显然没有比赛可安排，直接结束。

(2) 对于 n>1 的情况，首先将所有选手分为两组，尽可能平均分配。如果 n 是奇数，则一组会比另一组多一个选手。将前 n/2(向下取整)个选手放在第一组，剩余的放在第二组。

(3) 对第一组 n/2 个选手，使用同样的算法安排他们之间的比赛，持续(n/2) – 1 天。对第二组进行相同的操作，如果第二组人数多于 n/2，则比赛也是持续(n/2) – 1 天，否则是组内人数减 1 天。

(4) 在每天比赛中，从第一组选出一个尚未比赛的选手与第二组的相应选手比赛。因为两组分别进行了(n/2) – 1 天的比赛，所以共有 n – 1 天的比赛可以安排。如果某天某一组没有可选的选手(这只会发生在最后一轮，且当 n 为奇数时)，则让该组剩余的选手休息，

只安排另一组的比赛。

算法如下：

```
#include <stdio.h>
/*定义一个函数，用于生成比赛日程表*/
void scheduleMatches(int players[], int n, int currentDay, int maxDays)
{   if (currentDay > maxDays)
    {   return;     /*基线条件，当所有比赛天数完成后停止递归*/
    }
    printf("Day %d:\n", currentDay);
    for (int i = 0; i < n / 2; i++)
    {   printf("Match: Player %d vs Player %d\n", players[i], players[n - 1 - i]);
    }
    /*进行选手的轮换*/
    int temp = players[n - 1];
    for (int i = n - 1; i > 1; i--)
    {   players[i] = players[i - 1];
    }
    players[1] = temp;
    /*递归调用，进入下一比赛日*/
    scheduleMatches(players, n, currentDay + 1, maxDays);
}
void generateSchedule(int n)
{   if (n <= 0)
    {   printf("Invalid number of players.\n");
        return;
    }
    if (n % 2 != 0)
    {   printf("Odd number of players. One player will have no opponent.\n");
    }
    int players[n];
    for (int i = 0; i < n; i++)
    {   players[i] = i + 1;                        /*选手编号从 1 开始*/
    }
    int days = n - 1;                              /*比赛天数*/
    scheduleMatches(players, n, 1, days);          /*从第 1 天开始调用递归函数*/
}
int main()
{   int n;
    printf("Enter the number of players: ");
```

```
    scanf("%d", &n);
    generateSchedule(n);
  return 0;
}
```

3．给定两个序列 X={x_1，x_2，…，x_m}和 Y={y_1，y_2，…，y_n}，设计算法，找出 X 和 Y 的最长公共子序列。

【解答】最长公共子序列问题是计算机科学中的一个经典问题，目标是找到两个序列的最长子序列，这个子序列不需要在原序列中连续出现，但必须保持原序列中元素的相对顺序。解决这个问题的一个常用方法是动态规划法。

算法设计思路如下：

(1) 定义状态。设 dp[i][j]表示序列 X 的前 i 个字符和序列 Y 的前 j 个字符的最长公共子序列的长度。这里 i 和 j 分别是序列 X 和 Y 的当前考虑位置的索引，范围分别是 $0 \leqslant i \leqslant m$ 和 $0 \leqslant j \leqslant n$。

(2) 初始化。由于任何序列与空序列的最长公共子序列的长度都是 0，因此可以初始化边界条件为

$$dp[i][0] = 0 \ (对于所有\ 0 \leqslant i \leqslant m)$$
$$dp[0][j] = 0 \ (对于所有\ 0 \leqslant j \leqslant n)$$

(3) 列状态转移方程。对于 dp[i][j]的计算，分以下几种情况：

如果 x[i] == y[j]，即当前两个序列的字符相同，则该字符一定属于最长公共子序列，所以 dp[i][j] = dp[i-1][j-1] + 1。

如果 x[i] != y[j]，则需要在两种可能中取较大值：要么忽略 X 中的一个字符(dp[i-1][j])，要么忽略 Y 中的一个字符(dp[i][j-1])，即 dp[i][j] = max(dp[i-1][j], dp[i][j-1])。

(4) 回溯构建最长公共子序列。通过上述步骤得到 dp[m][n]后，可以通过回溯 dp 表来确定最长公共子序列的具体内容。通常从 dp[m][n]开始，如果 x[m] == y[n]，则该字符属于最长公共子序列，向左上角移动；否则，向左或向上移动，具体取决于哪个方向的值更大，这反映了选择忽略哪个序列中的字符。

(5) 输出结果。最终，dp[m][n]就是 X 和 Y 的最长公共子序列。

算法如下：

```
#include <stdio.h>
#include <string.h>
#define MAX_LENGTH 100
/*计算最长公共子序列的长度*/
int longestCommonSubsequence(char X[], char Y[], int m, int n)
{   int dp[MAX_LENGTH][MAX_LENGTH];      /*定义动态规划表*/
    /*初始化边界条件*/
    for (int i = 0; i <= m; i++)
        dp[i][0] = 0;
    for (int j = 0; j <= n; j++)
        dp[0][j] = 0;
```

```
    /*计算状态转移方程*/
    for (int i = 1; i <= m; i++)
    {   for (int j = 1; j <= n; j++)
        {   if (X[i - 1] == Y[j - 1])              /*如果当前字符相等*/
                dp[i][j] = dp[i - 1][j - 1] + 1;    /*在最长公共子序列中加入当前字符*/
            else
                dp[i][j] = (dp[i - 1][j] > dp[i][j - 1]) ? dp[i - 1][j] : dp[i][j - 1];   /*否则，选择较大的值*/
        }
    }
    return dp[m][n];                               /*返回最长公共子序列的长度*/
}
/*回溯构建最长公共子序列*/
void printLCS(char X[], char Y[], int m, int n)
{   int dp[MAX_LENGTH][MAX_LENGTH];
    memset(dp, 0, sizeof(dp));                     /*初始化动态规划表为 0*/
    /*构建 dp 表*/
    for (int i = 1; i <= m; i++)
    {   for (int j = 1; j <= n; j++)
        {   if (X[i - 1] == Y[j - 1])              /*如果当前字符相等*/
                dp[i][j] = dp[i - 1][j - 1] + 1;    /*在最长公共子序列中加入当前字符*/
            else
                dp[i][j] = (dp[i - 1][j] > dp[i][j - 1]) ? dp[i - 1][j] : dp[i][j - 1];   /*否则，选择较大的值*/
        }
    }
    /*回溯构建最长公共子序列*/
    int index = dp[m][n];                          /*最长公共子序列的长度*/
    char lcs[MAX_LENGTH];                          /*存储最长公共子序列*/
    lcs[index] = '\0';                             /*设置字符串结束符*/
    int i = m, j = n;
    while (i > 0 && j > 0)
    {   if (X[i - 1] == Y[j - 1])                  /*如果当前字符相等*/
        {   lcs[index - 1] = X[i - 1];             /*将当前字符加入最长公共子序列*/
            i--;
            j--;
            index--;
        } else if (dp[i - 1][j] > dp[i][j - 1])
            i--;                                   /*向上移动*/
        else
            j--;                                   /*向左移动*/
```

```
    }
    printf("Longest Common Subsequence: %s\n", lcs);          /*输出最长公共子序列*/
}
int main()
{   char X[MAX_LENGTH], Y[MAX_LENGTH];
    printf("Enter sequence X: ");
    scanf("%s", X);
    printf("Enter sequence Y: ");
    scanf("%s", Y);
    int m = strlen(X);
    int n = strlen(Y);
    int length = longestCommonSubsequence(X, Y, m, n);
    printf("Length of Longest Common Subsequence: %d\n", length);   /*输出最长公共子序列的长度*/
    printLCS(X, Y, m, n);     /*构建并输出最长公共子序列*/
    return 0;
}
```

4. 设计一个实现 Kruskal 最小生成树的算法。

【解答】 Kruskal 算法是一种用于求解最小生成树的贪婪算法。它的基本思想是不断选择代价最小边，直到生成树中包含了所有顶点为止。在选择边的过程中，始终优先选择权重最小的边。

算法如下：

```
#include <stdio.h>
#include <stdlib.h>
/*定义边的结构体*/
struct Edge
{   int src, dest, weight;
};
/*定义图的结构体*/
struct Graph
{   int V, E;                  /*V 是顶点数，E 是边数*/
    struct Edge *edge;         /*存储边的数组*/
};
/*创建图*/
struct Graph *createGraph(int V, int E)
{   struct Graph *graph = (struct Graph *)malloc(sizeof(struct Graph));
    graph->V = V;
    graph->E = E;
    graph->edge = (struct Edge *)malloc(E*sizeof(struct Edge));
    return graph;
```

```
}
/*按边的权重排序的比较函数*/
int myComp(const void *a, const void *b)
{   struct Edge *a1 = (struct Edge *)a;
    struct Edge *b1 = (struct Edge *)b;
    return a1->weight - b1->weight;     /*返回 a1->weight - b1->weight，确保从小到大排序*/
}
/*查找顶点所在集合的辅助函数*/
int findSet(int parent[], int i)
{   if (parent[i] == -1)
        return i;
    return findSet(parent, parent[i]);
}
/*合并两个集合的辅助函数*/
void unionSet(int parent[], int x, int y)
{   int xset = findSet(parent, x);
    int yset = findSet(parent, y);
    parent[xset] = yset;
}
/*Kruskal 算法实现*/
void KruskalMST(struct Graph *graph)
{   int V = graph->V;
    /*结果存储最小生成树的边*/
    struct Edge result[V];
    int e = 0;                  /*初始化结果数组的索引*/
    /*按权重对所有边进行排序，使用 C 语言标准库中的排序 qsort()函数*/
    qsort(graph->edge, graph->E, sizeof(graph->edge[0]), myComp);
    int parent[V];          /*用于存储顶点所在集合的数组*/
    for (int i = 0; i < V; i++)
        parent[i] = -1;     /*初始化所有顶点为单独的集合*/
    /*执行直到生成树有 V-1 条边为止*/
    while (e < V - 1 && graph->E > 0)
    {   /*从排好序的边列表中取出一条边*/
        struct Edge next_edge = graph->edge[0];     /*取第一条边*/
        /*查找这条边的两个端点所在的集合*/
        int x = findSet(parent, next_edge.src);
        int y = findSet(parent, next_edge.dest);
        /*如果这条边的两个端点不在同一集合中，则加入结果数组中*/
        if (x != y)
```

```
        {   result[e++] = next_edge;
            unionSet(parent, x, y);
        }
        /*继续处理下一条边*/
        graph->edge++;
        graph->E--;
    }
    /*对结果进行排序*/
    qsort(result, e, sizeof(result[0]), myComp);
    /*打印最小生成树的边和权重*/
    printf("最小生成树的边:\n");
    int minimumCost = 0;
    for (int i = 0; i < e; ++i)
    {   printf("%d - %d,  权重: %d\n", result[i].src, result[i].dest, result[i].weight);
        minimumCost += result[i].weight;
    }
    printf("最小生成树的权重总和: %d\n", minimumCost);
}
int main()
{   /*创建一个示例图*/
    int V = 4;     /*顶点数*/
    int E = 5;     /*边数*/
    struct Graph *graph = createGraph(V, E);
    /*添加边*/
    /*边 0-1，权重为 10*/
    graph->edge[0].src = 0;
    graph->edge[0].dest = 1;
    graph->edge[0].weight = 10;
    /*边 0-2，权重为 6*/
    graph->edge[1].src = 0;
    graph->edge[1].dest = 2;
    graph->edge[1].weight = 6;
    /*边 0-3，权重为 5*/
    graph->edge[2].src = 0;
    graph->edge[2].dest = 3;
    graph->edge[2].weight = 5;
    /*边 1-3，权重为 15*/
    graph->edge[3].src = 1;
    graph->edge[3].dest = 3;
```

```
    graph->edge[3].weight = 15;
    /*边 2-3，权重为 4*/
    graph->edge[4].src = 2;
    graph->edge[4].dest = 3;
    graph->edge[4].weight = 4;
    KruskalMST(graph);
    /*释放动态分配的内存*/
    free(graph->edge);
    free(graph);
    return 0;
}
```

5. 用递归法实现迷宫问题。

【解答】 迷宫问题是一个经典的递归问题，解决此问题的基本思路是通过递归的方式从起点开始，不断地探索可行路径直至到达终点。具体步骤如下：

(1) 定义一个迷宫地图，使用二维数组表示，其中 0 表示可通行的空格，1 表示墙壁或障碍物。

(2) 从起点开始递归地探索四个方向上的可行路径，即向上、向下、向左、向右。

(3) 每次递归调用时，检查当前位置是否是终点，如果是，则说明找到了一条通路，返回 true。

(4) 如果当前位置不是终点，则依次尝试向四个方向移动，并递归调用探索函数。

(5) 在递归调用过程中，需要标记已经访问过的位置，避免陷入死循环。

算法如下：

```
#include <stdio.h>
#define N 5
/*定义迷宫地图*/
int maze[N][N] = {
    {0, 1, 0, 0, 0},
    {0, 1, 0, 1, 0},
    {0, 0, 0, 0, 0},
    {0, 1, 1, 1, 0},
    {0, 0, 0, 1, 0}
};
/*定义用于标记访问过的位置的二维数组*/
int visited[N][N] = {0};
/*函数用于递归探索迷宫*/
int solveMaze(int x, int y)
{   /*判断是否到达终点*/
    if (x == N - 1 && y == N - 1)
    {   visited[x][y] = 1;
```

```
        return 1;
    }
    /*检查当前位置是否合法*/
    if (x >= 0 && y >= 0 && x < N && y < N && maze[x][y] == 0 && visited[x][y] == 0)
    {   visited[x][y] = 1;           /*标记当前位置已访问*/
        /*递归探索四个方向*/
        if (solveMaze(x + 1, y) || solveMaze(x - 1, y) || solveMaze(x, y + 1) || solveMaze(x, y - 1))
        {   return 1;                /*如果任意一个方向找到通路，则返回 true*/
        }
        visited[x][y] = 0;           /*回溯，取消标记当前位置*/
        return 0;
    }
    return 0;
}
int main()
{   /*起点为(0, 0)，调用 solveMaze()函数进行迷宫探索*/
    if (solveMaze(0, 0))
    { printf("找到通路！\n"); }
    else { printf("未找到通路！\n"); }
    return 0;
}
```

6. 分别用递归和非递归方法实现 n 皇后算法。

【解答】 解决 n 皇后问题的基本思路是在 n×n 的棋盘上放置 n 个皇后，使得它们互不攻击，即任意两个皇后都不在同一行、同一列或同一斜线上。可以采用递推和非递归两种方法来实现。

(1) 递归方法：从第一行开始逐行放置皇后，在每一行中选择一个位置放置皇后，并检查是否与之前已放置的皇后产生冲突。如果当前位置不产生冲突，则继续放置下一行的皇后，直到所有皇后都被放置或无法继续放置为止。如果无法继续放置，则回溯到上一步，重新选择位置。

(2) 非递归方法：采用栈辅助进行搜索。从第一行开始逐行放置皇后，使用栈来记录每一行皇后的放置位置，每次放置皇后时检查是否与之前已放置的皇后产生冲突。如果当前位置不产生冲突，则继续放置下一行的皇后，并将该位置入栈。如果无法继续放置，则出栈回溯到上一步，重新选择位置。由于算法篇幅过大，此处仅给出递归代码。

算法如下：

```
#include <stdio.h>
#include <stdbool.h>
#define N 8                /*定义棋盘大小和皇后数*/
/*打印棋盘函数*/
void printSolution(int board[N][N])
```

```
{   for (int i = 0; i < N; ++i)
    {   for (int j = 0; j < N; ++j)
        {   printf("%d ", board[i][j]);      /*打印当前元素*/
        }
        printf("\n");                        /*每打印完一行输出一个换行符*/
    }
}
/*检查放置皇后的位置是否安全*/
bool isSafe(int board[N][N], int row, int col)
{   /*检查列冲突*/
    for (int i = 0; i < row; ++i)
    {   if (board[i][col])
            return false;
    }
    /*检查左上方对角线冲突*/
    for (int i = row, j = col; i >= 0 && j >= 0; --i, --j)
    {   if (board[i][j])
           return false;
    }
    /*检查右上方对角线冲突*/
    for (int i = row, j = col; i >= 0 && j < N; --i, ++j)
    {   if (board[i][j])
           return false;
    }
    return true;                /*如果没有冲突，则返回真*/
}
/*递归解决 n 皇后问题的函数*/
bool solveNQueensUtil(int board[N][N], int row)
{   if (row >= N)               /*如果所有皇后都放置完毕*/
        return true;
    for (int i = 0; i < N; ++i)
    {
        if (isSafe(board, row, i))
        {   /*检查放置皇后的位置是否安全*/
            board[row][i] = 1;                       /*放置皇后*/
            if (solveNQueensUtil(board, row + 1))    /*递归放置下一行的皇后*/
              return true;
            board[row][i] = 0;                       /*如果无法放置，则回溯*/
        }
```

```
    }
    return false;                    /*如果当前行无法放置皇后，则返回假*/
}
/*主函数*/
int main()
{   int board[N][N] = {0};           /*初始化棋盘，所有格子都置 0*/
    if (solveNQueensUtil(board, 0))
    {
        /*从第一行开始解决问题*/
        printf("解决方案：\n");
        printSolution(board);        /*打印解决方案*/
    }
    else
    {
        printf("无解！\n");              /*如果没有解决方案，则输出无解*/
    }
    return 0;
}
```

7. 在3×3个方格的方阵中要填入数字1到N (N≥10)内的某9个数字，每个方格填一个整数，使得所有相邻两个方格内的两个整数之和为质数。试设计算法，求出所有满足这个要求的各种数字填法。

【解答】 可以通过回溯算法来解决该问题。回溯算法尝试在每个位置填入一个数字，并检查当前填入的数字与前面已经填入的数字是否满足相邻两个数之和为质数的条件。如果满足条件，则继续递归填入下一个位置；如果不满足条件，则回溯到上一个位置，重新选择数字。直到所有位置都填满数字，得到一个解，或者无法找到合适的数字填入，此时回溯到上一步重新尝试其他数字，直至找到所有解或者确定无解。

算法如下：

```
#include <stdio.h>
#include <stdbool.h>
/*函数声明*/
bool isPrime(int num);
bool checkAdjacent(int grid[3][3], int row, int col);
bool fillGrid(int grid[3][3], int N, int current, bool *found);
/*主函数*/
int main()
{
    int N;
    printf("请输入 N 的值 (N>=10): ");
    scanf("%d", &N);
```

```
    /*初始化 3×3 方格*/
    int grid[3][3] = {
            {0, 0, 0},
            {0, 0, 0},
            {0, 0, 0}
    };
    /*全局变量用于标记是否找到解*/
    bool found = false;
    /*调用填格子函数*/
    fillGrid(grid, N, 0, &found);
    if (!found)
    {
      printf("没有找到满足条件的解!\n");
    }
    return 0;
}
/*检查一个数是否为质数*/
bool isPrime(int num) {
      if (num <= 1) return false;
      if (num <= 3) return true;
      if (num % 2 == 0 || num % 3 == 0) return false;
      for (int i = 5; i * i <= num; i += 6)
      {
          if (num % i == 0 || num % (i + 2) == 0) return false;
      }
      return true;
}
/*检查相邻两个数之和是否为质数*/
bool checkAdjacent(int grid[3][3], int row, int col) {
      /*检查上方的数*/
      if (row > 0 && !isPrime(grid[row][col] + grid[row - 1][col])) return false;
      /*检查下方的数*/
      if (row < 2 && !isPrime(grid[row][col] + grid[row + 1][col])) return false;
      /*检查左边的数*/
      if (col > 0 && !isPrime(grid[row][col] + grid[row][col - 1])) return false;
      /*检查右边的数*/
      if (col < 2 && !isPrime(grid[row][col] + grid[row][col + 1])) return false;
      return true;
}
```

```
/*递归填充方格*/
bool fillGrid(int grid[3][3], int N, int current, bool *found) {
    /*如果所有位置都已填满，则打印方格*/
    if (current == 9)
    {
        printf("找到一种填法:\n");
        for (int i = 0; i < 3; i++)
        {   for (int j = 0; j < 3; j++)
            {   printf("%d ", grid[i][j]);
            }
            printf("\n");
        }
        printf("\n");
        *found = true;        /*标记找到一个解*/
        return false;         /*返回 false，继续寻找其他解*/
    }
    /*计算当前行的位置*/
    int row = current / 3;
    int col = current % 3;
    /*尝试填入数字 1 到 N*/
    for (int num = 1; num <= N; num++)
    {
        grid[row][col] = num;
        /*检查当前填入的数字是否满足条件*/
        if (checkAdjacent(grid, row, col))
        {   /*如果满足条件，则递归填下一个位置*/
            if (fillGrid(grid, N, current + 1, found)) return true;
        }
    }
    /*如果所有数字都不满足条件，则回溯到上一个位置*/
    grid[row][col] = 0;
    return false;
}
```

10.3 自 测 题

一、填空题

1. 问题可分治要满足两点：____________________和__________________。

2. 一般使用__________实现分治法。

3. 贪婪法不能对所有问题都得到__________。

4. 回溯法实际是遍历________的过程，从根结点出发，以_____优先方式进行搜索。

5. ____________适用于具有重叠子问题和最优子结构性质的问题，通过保存子问题的解来避免重复计算，提高效率。

二、单项选择题

1. (　　)方法不属于分治法。

A．折半查找　　B．快速排序　　C．冒泡排序　　D．合并排序

2. (　　)方法不属于贪婪法。

A．树的深度遍历　　B．求单源最短路径

C．最小生成树算法　　D．构造哈夫曼树

3. 动态规划经常采用(　　)方法进行最优解的求解。

A. 搜索　　B. 查找　　C. 递推　　D. 递归

参考答案

附录一　硕士研究生入学考试试题及答案(一)

一、名词解释(每题 5 分，共 30 分)

1. 哈希表
2. 堆排序
3. 双向链表
4. 哈夫曼编码
5. 广义表
6. Dijkstra(迪杰斯特拉)算法

二、填空题(每空 2 分，共 20 分)

1. 有一个带头结点的单链表 H，最后一个结点由 P 指针指向，P 的指针域为_______；有一个带头结点的循环单链表 L，最后一个结点由 P 指针指向，P 的指针域为________。

2. 一个长度为 n 的线性表，用顺序存储结构存储，在第 i ($1 \leqslant i \leqslant n+1$)个位置之前插入一个元素，需要移动____________个元素；删除第 i ($1 \leqslant i \leqslant n$)个位置的元素，需要移动___________个元素。

3. 有一个带头结点的单链表 H，P 指针指向其中某一结点，写出在 P 结点之后插入 S 结点的语句：____。

4. 稀疏矩阵的压缩存储方式有两种，分别是________________、_______________。

5. 一棵树 T 以二叉链表作为存储结构，对应的二叉链表的根结点由 BT 指向，BT 的右子树为__________。

6. 有 n 个元素的数据表，运用 2 路归并排序算法进行排序，其平均时间复杂度为__________；运用快速排序算法进行排序，其最坏情况下的时间复杂度为___________。

三、简答题(每题 6 分，共 30 分)

1. 简要分析栈、队列、串的特点，可举例说明。

2. 设一个 5 × 6 的二维数组 $A_{5\times6}$，假设下标从 0 开始，每个数组元素占 4 个字节，已知 A 数组的首地址 Loc(A[0,0])为 1000，请简要回答：

(1) 数组 A 共占用多少个字节？

(2) 按行、按列优先存储，A[2，5]数组元素的存储起始地址分别是多少？

3. 一棵度为 2 的树与一棵二叉树有何区别？请画出具有 3 个结点的树和二叉树的形态。

4. 静态查找表中有三种基础的查找法：顺序查找法、折半查找法、分块查找法。分析这三种查找法的特点及查找效率。

5. 阅读下列算法，并回答算法实现的功能。

```
typedef struct node              /*结点定义*/
{    int data;                   /*结点的数据域*/
     struct node *next;          /*结点的指针域*/
} Listnode, *Linklist;
Linklist AAA(Linklist L) /*L 是无头结点的单链表*/
{    Listnode *s, *p;
     if (L&&L->next)
     { s=L;
       L=L->next;
       p=L;
       while(p->next) p=p->next; p->next=s;
       s->next=NULL;
     }
     return L;
}
```

四、综合题(每题 10 分，共 40 分)

1．已知一棵右单支二叉树如试题图 1.1 所示，请解答下列问题：

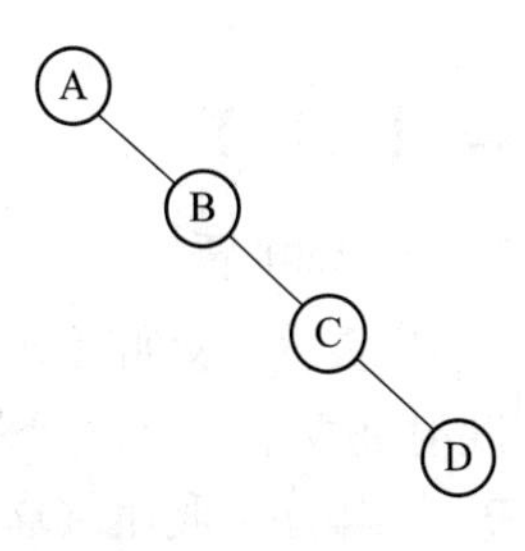

试题图 1.1　右单支二叉树

(1) 右用顺序存储结构存储这棵二叉树，需要多少个存储空间？浪费了多少个存储空间？

(2) 二叉树的顺序存储结构适合哪种形式的二叉树？

(3) 画出顺序存储结构。

2．已知一棵二叉树的先序遍历序列为 A C B G D E H F J I，中序遍历序列为 C G B A H E D J F I，请解答下列问题：

(1) 构造这棵二叉树，并画出二叉链表存储结构；

(2) 将这棵二叉树转换为森林；

(3) 写出森林的先序遍历、中序遍历、后序遍历的序列。

3．已知一个无向网如试题图 1.2 所示，请解答下列问题：

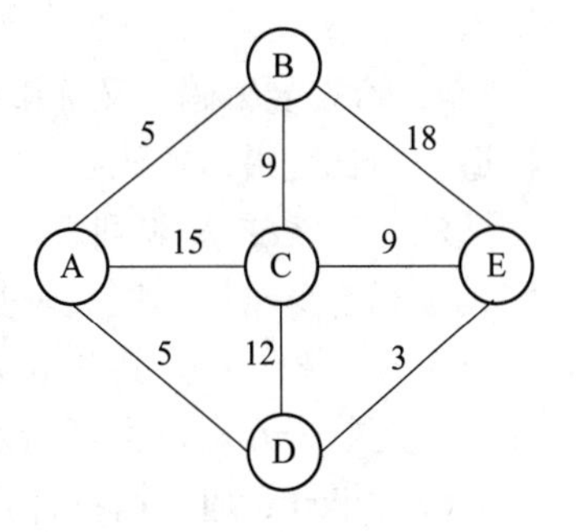

试题图 1.2　无向图

(1) 画出邻接表存储结构；

(2) 分别给出从 A 结点出发进行深度优先遍历和广度优先遍历的序列；

(3) 用 Prim 算法求解最小生成树，并画出其过程图。

4．输入一组整数序列{50，18，23，68，55，72，89，27，62，10}，请解答下列问题：

(1) 按照次序构造一棵二叉排序树。

(2) 如何得到一个从小到大的有序序列？

(3) 分析在等概率情况下进行查找时查找成功的平均查找长度。

(4) 画出在此二叉树中删除“68”后树的结构。

五、算法设计题(每题 10 分，共 30 分)

答题要求：

① 写出算法思路(可用自然语言，也可用流程图)；

② 写出算法中用到的数据结构；

③ 用类 C 语言写出算法，并加适当注释。

1．有 n 个整数数据用数组存储，设计算法实现将所有偶数调整到所有奇数之前。要求算法的时间复杂度为 O(n)，空间复杂度为 O(1)。

例如：已知数组 A 的初始状态为[17，28，3，10，36，97，6，59，66]，调整之后 A 为[66，28，6，10，36，17，97，59，3]。

2．有一个网络，用邻接矩阵存储，请设计一个算法判断这个网络是否连通。如果连通，则返回“YES”；否则，返回“NO”并输出有几个连通分量。

3．已知一个带头结点的单链表 H，已经按照关键字递增有序排列，请设计一个算法删除链表中值大于 X 且小于 Y 的结点(X、Y 是给定的两个参数且 X<Y)，并分析算法性能。

【答案】

一、名词解释

1．哈希表：又叫散列表，是根据关键字 key 直接进行访问的数据结构。它通过把关键码值映射到表中一个位置来访问记录，以加快查找的速度。

2．堆排序：利用堆这种数据结构所设计的一种排序算法。它输出堆顶的最小值之后，将剩余 n-1 个元素重新建成一个堆，则得 n 个元素的次小值，反复执行，便能得到一个有序序列。

3．双向链表：链表的一种，它的每个数据结点中都有两个指针，分别指向直接后继和直接前驱。从双向链表中的任意一个结点开始，都可以方便地访问它的前驱结点和后继结点。

4．哈夫曼编码：又称霍夫曼编码，是一种可变字长编码。它完全依据字符出现概率来构造平均长度最短的码字。

5．广义表：又称列表，是线性表的一种推广，广义表拓宽了对表元素的限制，允许它们具有其自身结构。广义表是由 n ($n \geqslant 0$)个数据元素组成的有序序列，一般记作 ls = (a_1，a_2，…，a_i，…，a_n)，其中 ls 是广义表的名称，n 是它的长度。每个 a_i($1 \leqslant i \leqslant n$)是 ls 的成员，它可以是单个元素，也可以是一个广义表，分别称为广义表 ls 的单元素和子表。

6．Dijkstra(迪杰斯特拉)算法：一种按路径长度递增的次序求从源点到各终点的最短路径的算法，解决的是带权图中的最短路径问题。该算法的主要特点是从源点开始，采用贪心算法策略，每次遍历到源点距离最近且未访问过的顶点的邻接结点，直到扩展到终点为止。

二、填空题

1．P ->next==NULL，P ->next==L

2．n/2，(n – 1)/2

3．S->next= P->next ; P->next=S;

4．三元组表存储，十字链表存储

5．BT->rchild

6．O(n lb n)，$O(n^2)$

三、简答题

1．栈和队列是操作位置受限的线性表，即对插入和删除的位置加以限制。栈是仅允许在表的一端进行插入和删除的线性表，因而是先进后出表。队列是只允许在表的一端进行插入、在另一端进行删除的线性表，因而是先进先出表。串是一种特殊的线性表，其特殊性表现在组成串的数据元素只能是字符。

2．(1) 数组 A 共占用 $5 \times 6 \times 4 = 120$ 字节。

(2) 按行优先存储时，其起始地址为$(2 \times 6 + 5) \times 4 + 1000 = 1068$；按列优先存储时，其起始地址为$(5 \times 5 + 2) \times 4 + 1000 = 1108$。

3．度为 2 的树有两个分支，没有左、右之分；一棵二叉树也有两个分支，但有左、右之分。

具有 3 个结点的树有 2 种不同的形态，如试题图 1.3(a)所示；具有 3 个结点的二叉树有 5 种不同的形态，如试题图 1.3(b)所示。

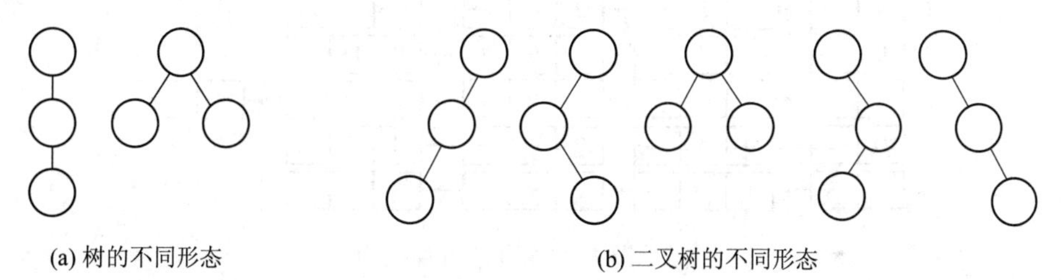

(a) 树的不同形态　　(b) 二叉树的不同形态

试题图 1.3　树与二叉树的不同形态

4．顺序查找法：表中元素不要求有序，平均查找长度为(n+1)/2。

折半查找法：表中元素必须以关键字的大小有序排列，平均查找长度为 lb(n+1)−1。

分块查找法：表中元素分块有序。若用顺序查找确定所在的块，则平均查找长度为 $\frac{1}{2}\left(\frac{n}{s}+s\right)+1$；若用折半查找确定所在的块，则平均查找长度为 $\mathrm{lb}\left(\frac{n}{s}+1\right)+\frac{s}{2}$。

5．该算法的功能是：将开始结点摘下链接到终端结点之后成为新的终端结点，而原来的第二个结点成为新的开始结点，返回新链表的头指针。

四、综合题

1．(1) 需要 15 个存储空间；浪费了 15-4=11 个存储空间。

(2) 适合完全二叉树。

(3) 顺序存储结构如下：

1	2	3	4	5	6	7	8	9	10	11	12	13	14	15
A	∧	B	∧	∧	∧	C	∧	∧	∧	∧	∧	∧	∧	D

2．(1) 二叉树及二叉链表存储结构如试题图 1.4 所示。

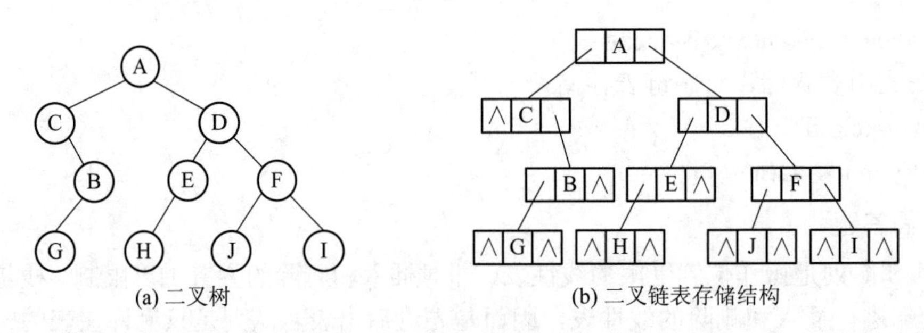

试题图 1.4 二叉树及二叉链表存储结构

(2) 这棵二叉树转换的森林如试题图 1.5 所示。

(3) 森林的先序遍历、中序遍历、后序遍历的序列分别为

先序遍历：A C B G D E H F J I

中序遍历：C G B A H E D J F I

后序遍历：C G B H E J I F D A

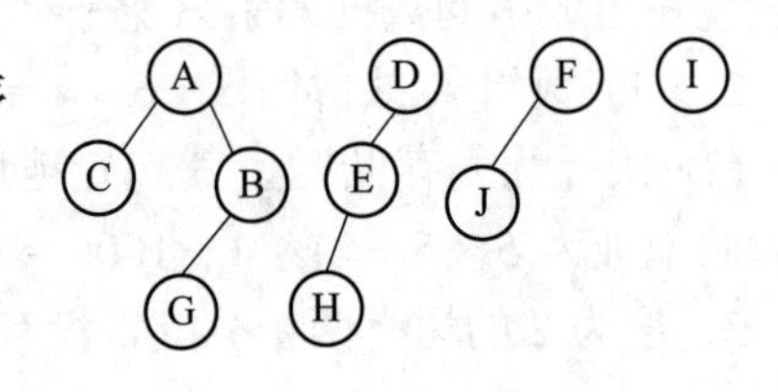

试题图 1.5 二叉树转换的森林

3．(1) 邻接表存储结构如试题图 1.6 所示。

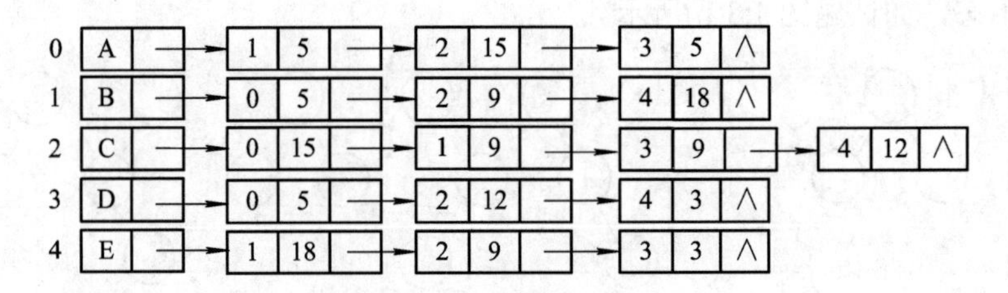

试题图 1.6 邻接表存储结构

(2) 从 A 结点出发进行深度优先遍历、广度优先遍历的序列均为

A B C D E

(3) 用 Prim 算法求解最小生成树的过程图如试题图 1.7 所示(不唯一)。

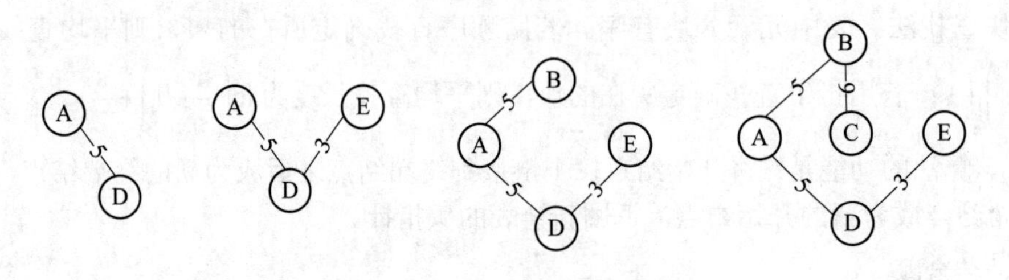

试题图 1.7 最小生成树的过程图

4．(1) 构造的二叉排序树如试题图 1.8 所示。

(2) 用中序遍历可得到一个从小到大的有序序列。

(3) 查找成功的平均查找长度为

$$ASL = (1 \times 1 + 2 \times 2 + 4 \times 3 + 3 \times 4)/10 = 2.9$$

(4) 删除“68”后的二叉排序树的结构如试题图 1.9 所示。

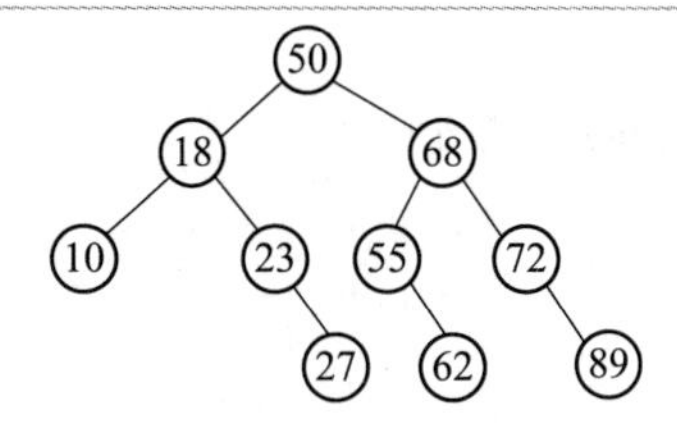

试题图 1.8　二叉排序树

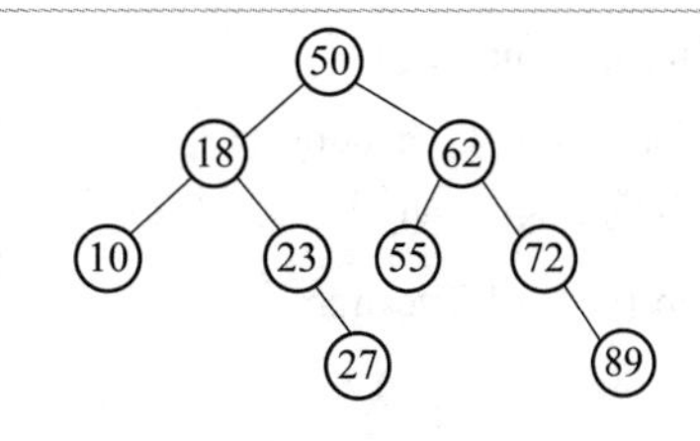

试题图 1.9　删除“68”后的二叉排序树

五、算法设计题

1．存储结构如下：

```
#define n 100
typedef struct Linear_list
{   int A[n];
    int length;
} SqList;
SqList L ;
```

算法如下：

```
void  preodd(SqList L)
{   int i = 0, j = L.length;
    int temp=L.A [i];           /*保存第一个数据*/
    while (i < j)
    {    while (i < j && L.A [j]%2 != 0) j - -;
         L.A[i++] = L.A [j];
         while (i < j && L.A [i]%2 == 0) i++;
         L.A [j- -] = L. A[i] ;
     }
     A [i]=temp;
}
```

2．存储结构如下：

```
#define MAXNODE <图中顶点的最大个数>
typedef struct
{    char vertexs[MAXNODE];
     int arcs[MAXNODE][MAXNODE];
     int vexnum, arcnum;                /*图的顶点数和弧数*/
} Graph;
Graph G;
```

算法如下：

```
int visited[MAXNUM];                    /*访问标识数组*/
int count=0;
void TraveGraph(Craph G)
```

```
{  int v, count=0;
   for(v=0; v<G.vexnum; v++)          /*初始化访问标识数组*/
      visited[v]=0;
   for(v=0; v<G.vexnum; v++)
      if(!visited[v])
      {  DepthFirstSearch(G, v);      /*调用深度遍历算法*/
         count++;
      }
      return count;
}
void DepthFirstSearch(GraphType g, int v0)
{  int vj;
   visit(v0);
   visited[v0]=1;
   for(vj=0; vj<n; vj++)
      if(!visited[vj]&&g.arcs[v0][vj].adj==1)
         DepthFirstSearch(g, vj);
}
```

3. 存储结构如下：

```
typedef struct node
{  DataType data;
   struct node *next;
}Lnode, *LinkList;
LinkList H;
```

算法如下：

```
void DeleteList(LinkList H, DataType X, DataType Y)
{  ListNode *p, *q, *s ;
   p= H;
   while(p->next&& p->next->data<= X)     /*找比 X 大的前一个元素位置*/
      p=p->next;
   q=p->next;          /*p 指向第一个不大于 X 结点的直接前驱，q 指向第一个大于 X 的结点*/
   while(q&&q->data< Y )
   {  s=q;
      q=q->next;
      free(s);         /*删除结点，释放空间*/
   }
   p->next=q;          /*将*p 结点的直接后继指针指向*q 结点*/
}
```

附录二 硕士研究生入学考试试题及答案(二)

一、填空题(每空 2 分，共 30 分)

1. Dijkstra 算法是按_______次序产生图中给定一顶点到其余各顶点最短路径的算法。

2. 在一个单链表 L 中，P 指向 L 中某一个结点，在 P 之后插入结点 S 的语句序列为________________。

3. 一棵二叉树中，度为 2 的结点数为 10，度为 1 的结点数为 18，则叶子结点数为_________。

4. 折半查找对查找表的要求是_________且关键字必须________。

5. 二叉树的顺序存储结构适合_________二叉树。

6. 设哈希表长为 100，用除留余数法构造哈希函数，即 H(K)=K mod P(P<M)， P 应选_________。

7. 对于有 n 个顶点 e 条边的无向图，如果用邻接表存储，需要_________个边结点；如果图连通且无回路，至少有_________条边。

8. 一棵有 n 个结点的完全二叉树的深度为_________。

9. 在一维数组 A[n]中查找一个元素，其时间性能为_________。

10. 串的特点为__________________。

11. 树的存储结构有_________ 、_________、_________、_________。

二、简答题(每题 8 分，共 40 分)

1. 用顺序存储结构存储队列时会产生假溢出现象，请给出解决方案，并写出判断队列满与队列空的条件。

2. 特殊矩阵和稀疏矩阵压缩存储后，哪一种会失去随机存取的功能？为什么？

3. 栈的特点是什么？ 1、2、3 入栈，不可能得到的出栈顺序是什么？

4. 一棵有 12 个结点的完全二叉树，顺序存储于一个数组 A[1..12]中，二叉树的根存储于数组下标为 1 的位置。问：下标为 6 的结点的双亲、左孩子、右孩子是否存在？如果存在，请给出各自的位置。

5. 什么是广义表？请举例说明取头操作 head(L)函数、取尾操作 tail(L)函数。

三、算法设计题(选做 3 题，每题 10 分，共 30 分)

答题要求：

① 用自然语言说明所采用算法的思想；

② 给出每个算法所需的数据结构定义，并做必要说明；

③ 用 C 语言或 PASCAL 语言写出对应的算法程序，并加上必要的注释。

1．已知两个循环单链表La、Lb，请设计算法，将这两个循环单链表首尾相接，并给出算法的时间复杂度。

2．有一个顺序表L，递增有序，输入一个整数X，请设计一个高效算法，实现在L中查找X位置的功能。

3．请设计一个算法，判断一个无向图是否连通。如果不连通，则输出有几个连通分量。

4．请设计一个递归算法，求二叉树中叶子结点的个数。

四、综合题(每题10分，共50分)

1．已知一棵二叉树的前序为ABDGCEF，中序为BGDAECF，请构造这棵二叉树，并给出后序遍历序列。

2．给定一个关键字序列{28，19，35，46，39，8，15，26}，请写出快速排序一趟的结果，以及三趟希尔排序的结果(步长分别为5，3，1)。说明：从小到大排序。

3．给定一个关键字序列{28，19，35，46，39，8，15，26}，请完成以下工作：

(1) 建立二叉排序树。

(2) 对这棵二叉排序树进行什么操作能得到一个有序序列？

(3) 请画出删除元素“19”后的二叉排序树。

4．假定在通信网络中仅用到了8个单词：{w_1，w_2，w_3，w_4，w_5，w_6，w_7，w_8}，各个单词出现的频率分别为6，20，4，8，10，15，32，5。为这8个单词构造哈夫曼编码并求其平均编码长度。

5．有一个图的邻接矩阵存储结构如试题图2.1所示，请回答以下问题：

(1) 画出此图，并写出从1出发进行深度优先遍历和广度优先遍历的结果；

(2) 画出相应的深度优先遍历生成树和广度优先遍历生成树；

(3) 给出Prim算法和Kruskal算法的最小生成树。

$$\begin{matrix}1\\2\\3\\4\\5\\6\end{matrix}\begin{bmatrix}0 & 6 & 7 & 5 & \infty & \infty\\ 6 & 0 & 5 & \infty & 3 & \infty\\ 7 & 5 & 0 & 5 & 6 & 4\\ 5 & \infty & 5 & 0 & \infty & 8\\ \infty & 3 & 6 & \infty & 0 & 6\\ \infty & \infty & 4 & 8 & 6 & 0\end{bmatrix}$$

试题图2.1　邻接矩阵存储结构

【答案】

一、填空题

1．路径长度递增　　2．S->next=P->next; P->next=S;

3．11　　4．待查找的表顺序存储，有序排列

5．完全　　6．97

7．2e，n-1　　8．$\lfloor \text{lb}\, n \rfloor + 1$

9．O(n)　　10．数据元素仅由一个字符组成

11．双亲表示法，孩子表示法，孩子-兄弟表示法，双亲孩子表示法

12．n－i＋1　　13．O(m＋n)

二、简答题

1．解决队列假溢出的方法是：将存储队列的数组头尾相接，形成循环队列。入队列时，

队尾指针移动采用 Q.rear = (Q.rear+1) %MAXQSIZE；出队列时，队头指针移动采用 Q.front = (Q.front+1) % MAXQSIZE。

判断队列满与队列空的条件如下：

方法一： 附设一个存储队列中元素个数的变量 Q.num，当 Q.num==0 时，队列空；当 Q.num==MAXSIZE 时，队列满。

方法二：少用一个元素空间，此时队列满的条件是(Q.rear+1)% MAXSIZE== Q.front，队列空的条件是 Q.rear == Q.front。

2. 稀疏矩阵采用压缩存储后会失去随机存取的功能。因为在这种矩阵中，非零元素的分布是没有规律的，为了压缩存储，就将每一个非零元素的值和它所在的行、列号作为一个结点存放在一起，这样的结点组成的线性表叫作三元组表，它已不是简单的向量，所以无法用下标直接存取矩阵中的元素。

3．栈的特点是先进后出。不可能得到的出栈序列为 3 1 2。

4．下标为 6 的结点的双亲、左孩子存在，右孩子不存在。双亲的位置为 3，左孩子的位置为 12。

5．广义表是线性表的推广，也称其为列表。广义表中的数据元素可以为单个元素，也可以是一个广义表，分别称为广义表的单元素和子表。

例如：ls＝(a,(b,c,d))，取头操作后 head(ls)＝a，取尾操作后 tail(ls)=((b,c,d))。

三、算法设计题

1．存储结构如下：

```
typedef struct node
{   DataType data;
    struct node *next;
}Lnode, *LinkList;
```

算法如下：

```
LinkList merge-1(LinkList La, LinkList Lb)
{   LNode *p, *q;
    p=La;
    q=Lb;
    while (p->next! =La) p=p->next;       /*寻找 La 链表的尾结点，让 p 指向此尾结点*/
    while (q->next! =Lb) q=q->next;       /*寻找 Lb 链表的尾结点，让 q 指向此尾结点*/
    q->next=La;                           /*q 指向 La 链表的头结点*/
    p->next=Lb->next;                     /*p 指向 Lb 链表的第一个元素结点*/
    free(Lb);
    return(La);
}
```

时间复杂度为 O(m+n)。

2．存储结构如下：

```
typedef struct
```

```
{   KeyType key;             /*关键字域*/
    …                        /*其他域*/
} ElemType;
typedef  struct
{   ElemType  r[LISTSIZE];
    int  length;
} STable;
```

算法如下：

```
int BinSearch(STable st, KeyType key)
{  int low, high, mid;
   low=1; high=st.length;
   while(low<=high)
   {
        mid=(low+high)/2;
        if(key==st.r[mid].key)
            return(mid);
        else
         if(key<st.r[mid].key)
            high=mid-1;
         else
            low=mid+1;
   }
   return(0);
}
```

3．存储结构如下：

```
#define MAXNODE <图中顶点的最大个数>
typedef struct
{   char vertexs[MAXNODE];
    int arcs[MAXNODE][MAXNODE];
    int vexnum, arcnum;           /*图的顶点数和弧数*/
} Graph;
Graph G;
```

算法如下：

```
int visited[MAXNUM];              /*访问标识数组*/
int count=0;
void TraveGraph(Craph G)
{    int v, count=0;
     for(v=0; v<G.vexnum; v++)              /*初始化访问标识数组*/
```

```
            visited[v]=0;
        for(v=0; v<G.vexnum; v++)
            if(!visited[v])
            {   DepthFirstSearch(G, v);            /*调用深度遍历算法*/
                count++;
            }
            return count;
    }
    void DepthFirstSearch(Graph G, int v)          /*深度遍历 v 所在的连通子图*/
    {   int w;
        visit(v);
        visited[v]=1;
        w=FirstAdjVertex(G, v);
        while(w!=-1)
        {   if(!visited[w])  DepthFirstSearch(G, w);
            w=NextAdjVertex(G, v, w);
        }
    }
```

4．存储结构如下：

```
    typedef struct Node
    {
        datatype data;
        struct Node *LChild;
        struct Node *RChild;
    }BiTNode, *BiTree;
```

算法如下：

```
    void Countleaf(BiTree root)
    {   /* LeafCount 是保存叶子结点数目的全局变量，调用之前初始化值为 0 */
        if(root! =NULL)
        {
            Countleaf(root->LChild);
            Countleaf(root->RChild);
            if(root->LChild==NULL && root ->RChild==NULL)
                LeafCount++;
        }
    }
```

四、综合题

1．构造出的二叉树如试题图 2.2 所示。

后序遍历序列为 G D B E F C A。

试题图 2.2　二叉树

2．快速排序一趟的结果：

26　19　15　8　28　39　46　35

三趟希尔排序的结果：

	28	19	35	46	39	8	15	26
d=5	8	15	26	46	39	28	19	35
d=3	8	15	26	19	35	28	46	39
d=1	8	15	19	26	28	35	46	39

3．(1) 建立的二叉排序树如试题图 2.3 所示。

(2) 对这棵二叉排序树进行中序遍历能得到一个有序序列。

(3) 删除元素“19”后的二叉排序树如试题图 2.4 所示。

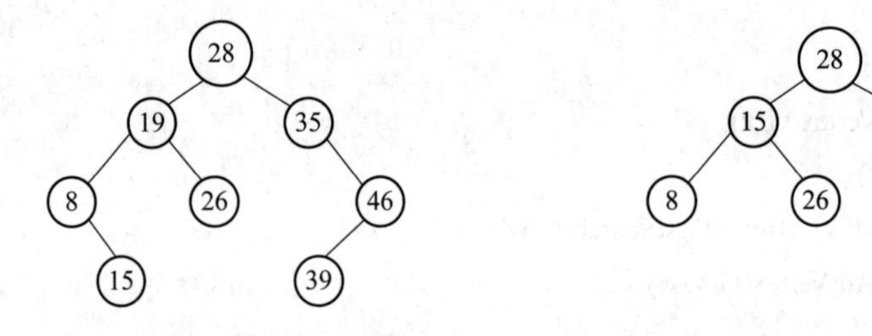

试题图 2.3　建立的二叉排序树　　　试题图 2.4　删除元素“19”后的二叉排序树

4．构造出的哈夫曼树如试题图 2.5 所示。

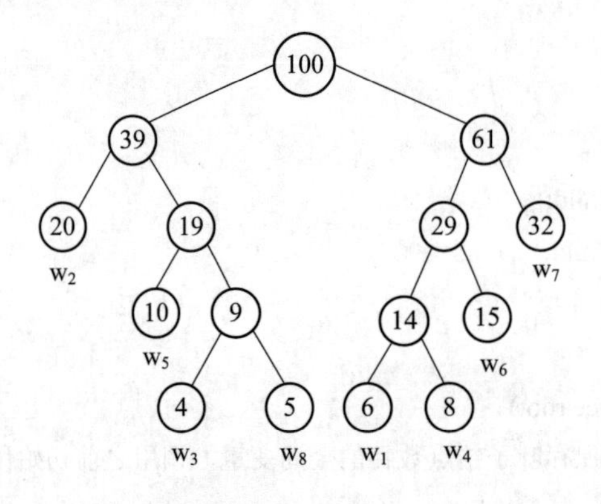

试题图 2.5　哈夫曼树

8 个单词的哈夫曼编码为

w_1	w_2	w_3	w_4	w_5	w_6	w_7	w_8
1000	00	0110	1001	010	101	11	0111

平均编码长度为

$$\frac{(4+5+6+8)\times 4+(10+15)\times 3+(2+32)\times 2}{4+5+6+8+10+15+20+32}=\frac{92+75+104}{100}=2.71$$

5．(1) 画出的图如试题图 2.6 所示。

深度优先遍历的结果：1 2 3 4 6 5

广度优先遍历的结果：1 2 3 4 5 6

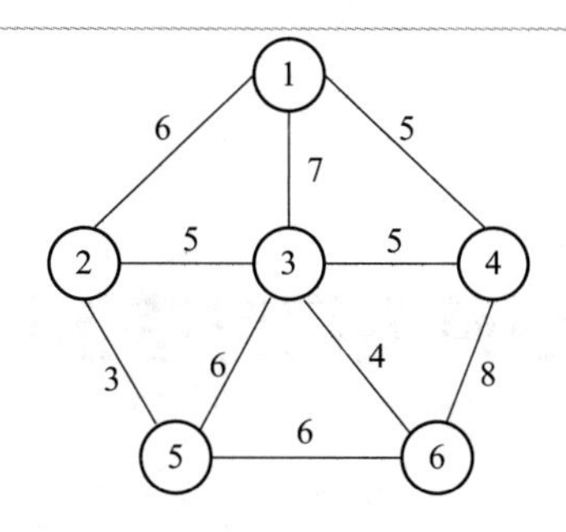

试题图 2.6　图

(2) 深度及广度优先遍历生成树分别如试题图 2.7(a)、(b)所示。

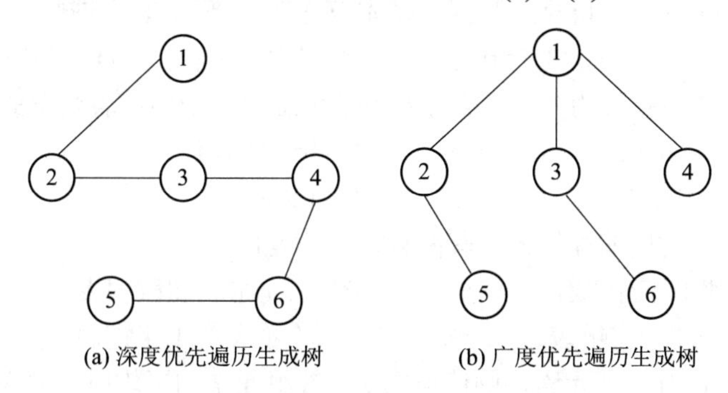

试题图 2.7　深度及广度优先遍历生成树

(3) 用 Prim 算法构造的最小生成树的过程图如试题图 2.8 所示。

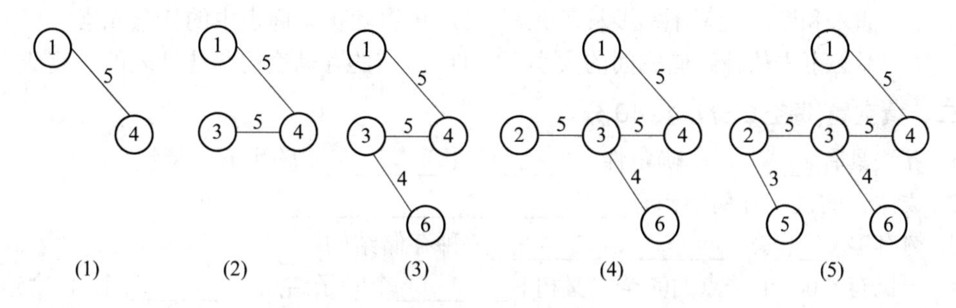

试题图 2.8　用 Prim 算法构造出的最小生成树

用 Kruskal 算法构造的最小生成树的过程图如试题图 2.9 所示。

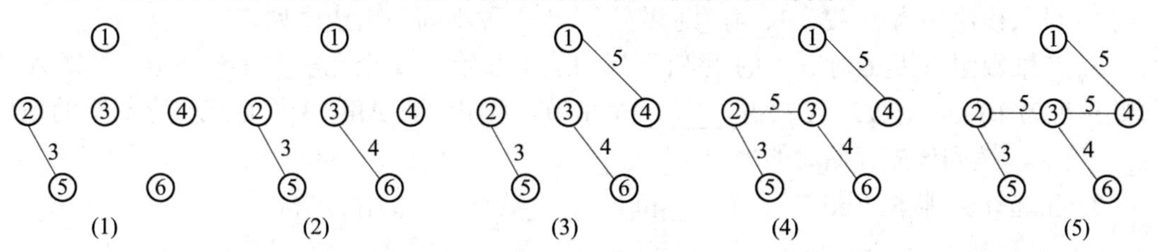

试题图 2.9　用 Kruskal 算法构造出的最小生成树

附录三　硕士研究生入学考试试题及答案(三)

一、单项选择题(每题 2 分，共 10 分)

1. 下列排序算法中，在待排序数据已基本有序时，效率最高的排序算法是(　　)。
   A. 插入排序　B. 选择排序　C. 快速排序　D. 堆排序
2. 已知单链表的头指针为 h，且该链表不带头结点，则该链表判空的条件是(　　)。
   A. h->next==NULL　B. h==NULL
   C. h->next!=NULL　D. h!=NULL
3. 稀疏矩阵一般的压缩存储方法有两种，它们是(　　)。
   A. 二维数组和三维数组　B. 三元组表和散列表
   C. 三元组表和十字链表　D. 哈希表和十字链表
4. 已知顺序表 L 有 n 个元素，则读取第 i 个数组元素的平均时间复杂度为(　　)。
   A. $O(n^2)$　B. O(1)　C. O(n lb n)　D. O(n)
5. 下列选项中，(　　)是链表不具有的特点。
   A. 插入和删除元素不需要移动元素　B. 可以随机访问表中的任意元素
   C. 不必事先估计存储空间的大小　D. 所需的存储空间与线性表的长度成正比

二、填空题(每空 2 分，共 40 分)

1. 算法具有________、确定性、________、________、输出五大特性。
2. 线性表的链式存储结构有________、________、________三种。
3. 树有________、________、________三种存储结构。
4. 一棵有 200 个结点的完全二叉树有________个叶子结点，________个 1 度结点，________个 2 度结点，该二叉树的高度为________。
5. 如果一棵二叉树的先序和中序遍历序列相同，则该二叉树具有________的特征。
6. 设入栈次序为 1、2、3、4，则共有________种不同的出栈序列。
7. 二维数组 A 是 6 行 5 列的矩阵(下标均从 1 开始)，每个元素占 2 个字节。已知 A 的起始地址为 1000，则数组 A 共占________个字节，数组元素 A[4，3]按行优先存储时的地址是________，按列优先存储时的地址是________。
8. 在选择类排序算法中，________和________是不稳定的排序算法。

三、简答题(每题 6 分，共 30 分)

1. 循环队列可避免假溢出现象，但队头和队尾指针满足 fronL==rear 条件时，仍无法判定队列空还是队列满。试给出 3 种处理此问题的方法。
2. 简述森林的后序遍历方法。

3. 简述二叉树顺序存储方式的优缺点。

4. 希尔排序算法稳定吗？请举例说明。

5. 构造哈希函数的原则有哪些？常用的构造哈希函数的方法有哪些？

四、综合题(选做 3 题，每题 10 分，共 40 分)

1. 某二叉树的先序遍历序列为 a b d g j k e h c f i，中序遍历序列为 d j g k b h e a c i f，构造并画出此二叉树，给出其后序遍历序列和层次遍历序列。

2. 以权值 3、6、8、12、13、28、30 构造哈夫曼树，给出一组哈夫曼编码，并求其带权路径长度。

3. 有 8 个结点 A B C D E F G H 的无向图的邻接矩阵为

$$\begin{bmatrix} 0 & 1 & 0 & 1 & 1 & 0 & 0 & 0 \\ 1 & 0 & 1 & 1 & 0 & 0 & 0 & 0 \\ 0 & 1 & 0 & 0 & 0 & 1 & 0 & 1 \\ 1 & 1 & 0 & 0 & 1 & 1 & 1 & 0 \\ 1 & 0 & 0 & 1 & 0 & 0 & 1 & 0 \\ 0 & 0 & 1 & 1 & 0 & 0 & 0 & 1 \\ 0 & 0 & 0 & 1 & 1 & 0 & 0 & 0 \\ 0 & 0 & 1 & 0 & 0 & 1 & 0 & 0 \end{bmatrix}$$

构造并画出该图，以 A 为起点，给出深度优先遍历序列和广度优先遍历序列。

4. 已知一组关键字序列{19，14，03，45，30，20，80，23，91，55，33，41}，给出按哈希函数 H(key) =key%11 及用链地址法处理冲突构造的哈希表 ht[0:10]，并求查找成功时及查找不成功时的平均查找长度。

五、算法设计题(每题 10 分，共 30 分)

1. 设计算法，从顺序表 L 中删除所有值为 x 的元素。要求算法的时间复杂度为 O(n)，空间复杂度为 O(1)。

2. 设计算法，判断一个字符串是否是回文。如 a+bc3cb+a 是回文序列，而 1++3==3+1 不是回文序列。

3. 设计算法，完成一趟快速排序算法。即将下标从 low 到 high 的元素以 r[low]为基准分成两部分，小的在前、大的在后。

【答案】

一、单项选择题

1. A　　2. B　　3. C　　4. B　　5. B

二、填空题

1. 有穷性，可行性，输入
2. 单链表，循环单链表，双向链表
3. 双亲表示法，孩子表示法，孩子-兄弟表示法
4. 100，1，99，8
5. 为空或者没有左子树
6. 14

7．60，1034，1030　　8．简单选择排序，堆排序

三、简答题

1．方法一： 附设一个存储队列中元素个数的变量 num，当 num==0 时，队列空；当 num==MAXSIZE 时，队列满。

方法二：少用一个元素空间，队列满条件为(rear+1)% MAXSIZE== front，队列空条件为 rear == front。

方法三："设标记"方法，如设标记 tag，在 tag = 0 的情况下，若删除时导致 front = rear，则队列空；在 tag = 1 的情况下，若插入时导致 front=rear，则队列满。

2．若森林为空，则遍历结束；否则：

① 后序遍历森林中第一棵树的根结点的子树森林，

② 后序遍历除去第一棵树之后剩余的树构成的森林，

③ 访问第一棵树的根结点。

3．二叉树顺序存储的优点是方便查找结点的孩子和双亲；缺点是存储空间利用率低，对于普通的二叉树，顺序存储浪费大量的存储空间，也不利于结点的插入和删除。

4．希尔排序算法不稳定。例如：

{ 512 275 275* 061 }

增量为 2：{ 275* 061 512 275 }

增量为 1：{ 061 275* 275 512 }

5. 构造哈希函数的原则：函数本身便于计算；计算出来的地址分布均匀，即对任一关键字 K，H(K)对应不同地址的概率相等，目的是尽可能减少冲突。

常用的哈希法有直接定址法、数字分析法、平方取中法、叠加法、除留余数法、伪随机数法。

四、综合题

1．构造出的二叉树如试题图 3.1 所示。

后序遍历序列 ：j k g d h e b i f c a

层次遍历序列：a b c d e f g h i j k

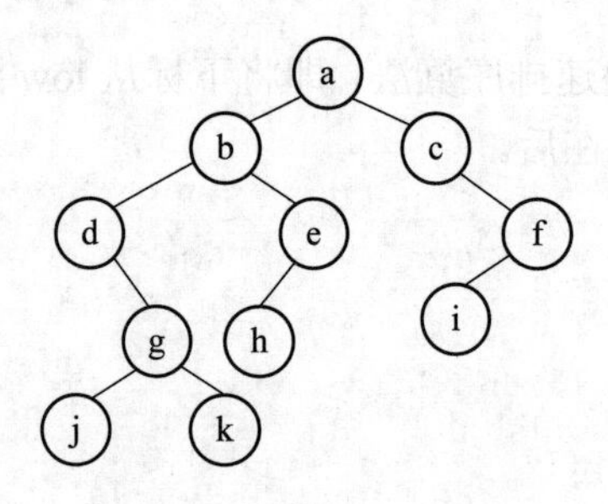

试题图 3.1　构造出的二叉树

2．构造出的哈夫曼树如试题图 3.2 所示。

哈夫曼编码：

3	6	8	12	13	28	30
0010	0011	000	010	011	10	11

带权路径长度：

$$WPL = 3 \times 4 + 6 \times 4 + 8 \times 3 + 12 \times 3 + 13 \times 3 + 28 \times 2 + 30 \times 2 = 251$$

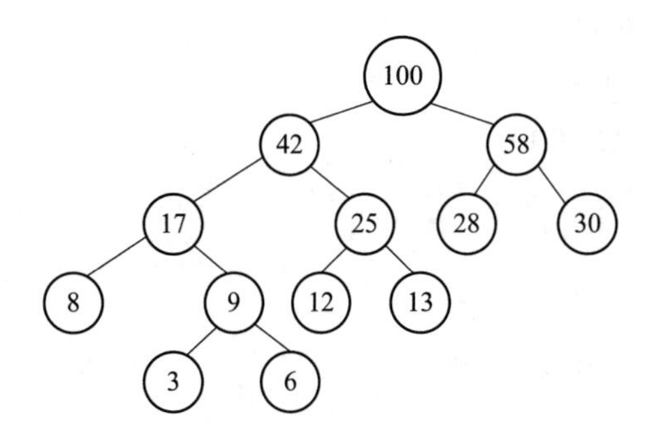

试题图 3.2　构造出的哈夫曼树

3．构造出的图如试题图 3.3 所示。

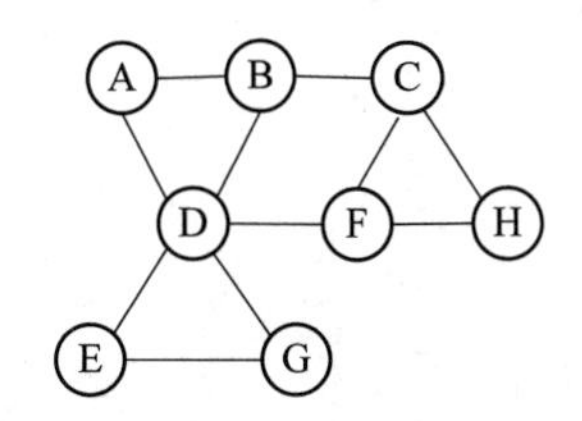

试题图 3.3　构造出的图

深度优先遍历序列：A B C H F D E G

广度优先遍历序列：A B D C E F G H

4．用链地址法处理冲突构造的哈希表如试题图 3.4 所示。

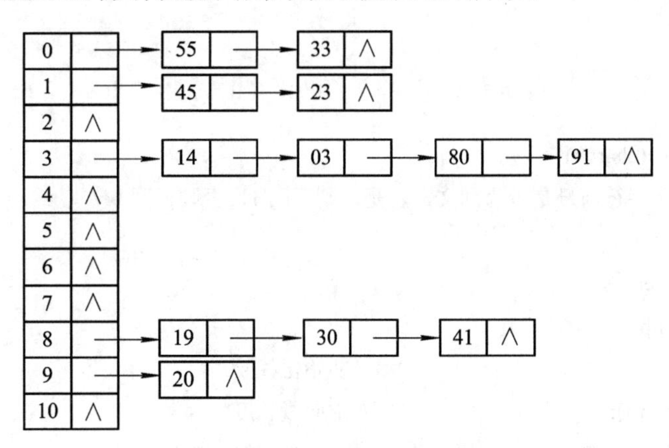

试题图 3.4　用链地址法处理冲突构造的哈希表

$$ASL_{SUCC} = \frac{5\times1+4\times2+2\times3+1\times4}{11} = \frac{23}{11}$$

$$ASL_{UNSUCC} = \frac{6\times1+1\times2+2\times3+1\times4+1\times5}{11} = \frac{23}{11}$$

五、算法设计题

1．存储结构如下：

```
#define MAXSIZE 100
typedef struct Linear_list
{   datatype elem[MAXSIZE];
    int  last;
} SeqList;
```

算法如下：

```
void DeleteX(SeqList *&L, datatype x)
{   int i, k=0;
    for(i=0;i<=L->last; i++)
      if (L->data[i]!=x)
      {   L->data[k]= L->data[i];
          k++;
      }
    L->last=k;
}
```

2．顺序栈的存储结构如下：

```
#define StackSize 100          /*假定预分配的栈空间最多为 100 个元素*/
typedef char DataType;         /*假定栈元素的数据类型为字符*/
typedef struct
{   DataType data[StackSize];
    int top;
}SeqStack;
```

算法如下：

```
int IsHuiwen(char *t)
{   /*判断 t 字符向量是否为回文，若是，则返回 1，否则返回 0*/
    SeqStack s;
    int i, b, len;
    char temp;
    s->top=-1;                              /*初始化栈 s*/
    len=strlen(t);                          /*求向量长度*/
    for (i=0; i<len/2; i++)                 /*将一半字符入栈*/
    {   if (s->top< StackSize-1)
            s->data[++s->top]= t[i];
        else
        {   printf("Stack Overflow!");      /*栈满溢出*/
            exit; }
    }
```

```
        if (len%2= =1) i++;
        while( s->top>-1)                       /*栈不空*/
        {   /*每弹出一个字符，即将其与相应字符做比较*/
            temp=s->data[s->top--];
            if(temp!=t[i]) return 0 ;           /*不等，则返回 0*/
            else i++;
        }
        return 1 ;                              /*比较完毕均相等，则返回 1*/
    }
```

3．存储结构如下：

```
    #define MAXSIZE 20    /*顺序表的最大长度*/
    typedef int KeyType;
    typedef struct
    {   KeyType key;
        OtherType otherdata;
    } RecordType;
    typedef struct
    {   RecordType R[MAXSIZE];
         int length;
    }SqList;
```

算法如下：

```
    int Partition(RecordType R[ ], int low, int high)
    {   int pivotkey;
        R[0]=R[low];                    /*将枢轴记录移至数组的闲置分量*/
        pivotkey=R[low].key;            /*枢轴记录关键字*/
        while(low<high)                 /*从表的两端交替地向中间扫描*/
        {   while(low<high&&R[high].key>=pivotkey)        /*从右向左扫描*/
                --high;
            R[low++]=R[high];           /*将比枢轴记录小的记录移到低端*/
            while(low<high&&R[low].key<=pivotkey) /*从左向右扫描*/
                ++low;
            R[high--]=R[low];           /*将比枢轴记录大的记录移到高端*/
        }
        R[low]=R[0];                    /*枢轴记录移到正确位置*/
        return low;                     /*返回枢轴位置*/
    }
```

参考文献

[1] 严蔚敏，李冬梅，吴伟民. 数据结构(C语言版). 2版. 北京：人民邮电出版社，2021.

[2] 阮宏一，鲁静. 数据结构课程设计：C语言描述. 3版. 北京：电子工业出版社，2022.

[3] WEISS M A. 数据结构与算法分析：C语言描述. 北京：机械工业出版社，2019.

[4] 王红梅，胡明，王涛. 数据结构(C++版)学习辅导与实验指导. 2版. 北京：清华大学出版社，2011.

[5] 耿国华，刘晓宁，张德同，等. 数据结构：C语言描述. 3版. 西安：西安电子科技大学出版社，2020.